CANGQIONGZHIYUN
ZHONGGUO HANGTIAN KEJI DE MEIXUE TANSUO

苍穹之韵

中国航天科技的美学探索

胡倩倩　主编

西北大学出版社
·西安·

图书在版编目（CIP）数据

苍穹之韵：中国航天科技的美学探索 / 胡倩倩主编.
西安：西北大学出版社，2024.11. -- ISBN 978-7-5604-5545-7

Ⅰ．V1；B83

中国国家版本馆 CIP 数据核字第 2024NT8976 号

苍穹之韵：中国航天科技的美学探索

胡倩倩　主编

出版发行　西北大学出版社
（西北大学校内　邮编：710069　电话：029-88302621 88303593）
http://nwupress.nwu.edu.cn　E-mail: xdpress@nwu.edu.cn

经　　销	全国新华书店	
印　　刷	陕西瑞升印务有限公司	
开　　本	787 毫米×1092 毫米　1/16	
印　　张	11.25	
版　　次	2024 年 11 月第 1 版	
印　　次	2024 年 11 月第 1 次印刷	
字　　数	144 千字	
书　　号	ISBN 978-7-5604-5545-7	
定　　价	48.00 元	

如有印装质量问题，请拨打电话 029-88302966 予以调换。

编写委员会

主　审　吴跃龙　崔万照

主　编　胡倩倩

副主编　梁丽莎　武昌新　王　平　张学良　毋　燕

委　员　王显煜　温媛媛　马　西　张　帆　郭　力

绘　图　贾荷仪

序

对于航天工程,我是门外汉。这本书不是写航天工程技术性问题的,编者站在管理者和欣赏者的视角,抒发了对航天工程,尤其是对航天工程之美的感悟。看一位航天系统员工站在她的角度,谈论我们基本能够听懂的她对于航天工程的想法,我有了忍不住的参与感,也想抒发几句感想。

这本书从不同的视角,给我们展示了中国航天之美。中国航天之美包括以下几方面:

宏大之美。古今中外,人类缔造的各种大工程,除去它们本身的工程属性之外,无一例外均带有震撼人类心灵的宏大之美。埃及金字塔、巴比伦空中花园、阿尔忒弥斯神庙、罗德岛太阳神巨像有这样的属性,中国的秦始皇兵马俑、万里长城、京杭大运河也有这样的力量。当代社会,人类建造大工程的能力更加强大。在中国,向宏大方向发展的如三峡水坝综合工程、港珠澳跨海大桥、高铁工程,向细微无限延伸的如无线通信工程、深海深地探测工程,还有将人类眼界延展向无垠太空的航天工程。中国航天工程起步晚、发展快,已经成为世界航天工程的引领者之一!中国在此领域的成就世界瞩目,此领域所迸发出来的浩大广博之美震人心魄!

新奇之美。中国航天在追求科技进步的同时,也在航天科技的内容、形式、功能等方面引发了一次全新的美学思潮。本书编者另辟蹊径,以美学的视角去审视中国航天科技的发展,从美学的源流与内涵出发,将航天科技本身蕴含的美学原理与航天人在实践中展现出的自然美、文化美、志趣美、精神美融合在一起,将对话星辰大海的磅礴工程知识体系形象化、时代化,以视角创新填补了中国特色哲学社会科学中关于航天美学的理论空缺,为航天领域的未来发展贡献了理论与智慧,以独特的美学思考和精神意蕴引发我们的情感共鸣。

中国之美。习近平总书记指出:"探索浩瀚宇宙,发展航天事业,建设航天强国,是我们不懈追求的航天梦。"航天梦是强国梦的重要组成部分。中国航天人在工程建设过程中充分发挥了中国人的聪明才智与特有的浪漫情怀,"北斗"指路,"天宫"揽胜,"墨子"传信,"嫦娥"问月,古人的梦想一一实现;中国精神的渗透、中国路径的探索、中国设计的实现、中国技术的广泛运用等等,在中国航天工程建设中得到了淋漓尽致的体现。航天工程融入了许多中国文化的元素,这些元素丰富了航天科技的内涵,更让世界看到了中国的独特魅力,感受到了中华文化的自信。中国航天发展硕果累累、精彩纷呈。中国文化特有的精神内涵与表现形式,在编者笔下均得到了关注与体现。

阅读本书的过程,是一次探索美学和科技在时空的不同维度交织融合的旅程。当我收到编者请我为本书作序的邀约时,我惊叹于科技工作者们在高强度的研究工作之余还能对美及美学有如此深入的思考，我强烈地感受到作者和她的团队对航天事业的热爱之情以及对美好事物的感知能力，他们以科技和美学为两翼去展现航天人的梦想、自信、探索、感动、成功与辛酸、执着与勇气，让我们有机会"亲历"中国航天的发展历程，同时也能结合自身专业背景和经历，感受美的不同韵味。

  自 2016 年起，每年的 4 月 24 日被设立为"中国航天日"，这是对中国航天人的巨大褒奖，也是对中国航天所取得的成就与航天精神的最高礼赞。展望未来，随着人类科技的不断发展，随着我们更多的视线被这项伟大工程所吸引，航天科技的美学探索也将更加深入和广泛。我们期待，在未来的航天科技中，能够看到更多美学与科技的完美融合，能够有更多的心灵震撼被我们体验，也期待有更多的第三方视角的体验成果能够呈现给我们普通大众。衷心期待中国的航天科技和文化美学走向世界，为人类文明的发展贡献出中国智慧。

西北大学信息科学与技术学院

党委书记　赵万峰

2024 年 8 月 26 日

目　录

导读　　　　　　　　　　　　　　　　　　　　　　／1

上编　何以为美：中国航天美学的轮廓勾勒

　第一章　交相辉映的融合之美　　　　　　　　　　／7
　　第一节　对美学的探索与理解　　　　　　　　　／9
　　第二节　航天与美学的融汇点　　　　　　　　　／14
　　第三节　航天美学的研究范畴　　　　　　　　　／18
　　第四节　中国航天的美学特点　　　　　　　　　／22

　第二章　意蕴深远的时代之美　　　　　　　　　　／27
　　第一节　拓宽人类审美新视野　　　　　　　　　／29
　　第二节　开辟哲学研究新领域　　　　　　　　　／32
　　第三节　航天逐梦助圆中国梦　　　　　　　　　／37
　　第四节　共筑人类命运共同体　　　　　　　　　／41

中编　各美其美：中国航天美学的和谐旋律

　第三章　隽永含情的文化之美　　　　　　　　　　／47
　　第一节　文学作品中的巡天情　　　　　　　　　／49
　　第二节　飞天梦想的科学探索　　　　　　　　　／54
　　第三节　飞天形象的哲学意蕴　　　　　　　　　／58
　　第四节　航天命名的浪漫诗意　　　　　　　　　／62

第四章 和谐共生的自然之美 /67
第一节 仰观天河窥宇宙之大 /69
第二节 俯瞰山河览神州之景 /73
第三节 敬畏生命赏德泽之辉 /77
第四节 守望相助护地球之安 /80

第五章 家国情怀的使命之美 /85
第一节 矢志不渝的崇高使命 /87
第二节 勇于攀登的时代先锋 /92
第三节 创新发展的人才基石 /97
第四节 引领前行的精神力量 /100

下编 美美与共：中国航天美学的绚丽画卷
第六章 智领未来的科技之美 /107
第一节 中国"长征"：问鼎苍穹的星河神箭 /109
第二节 中国"神舟"：遨游星海的逐梦飞船 /114
第三节 中国"北斗"：闪耀星际的国之重器 /120
第四节 中国"天宫"：筑梦寰宇的太空家园 /124
第五节 中国"嫦娥"：九天揽月的星际使者 /129
第六节 中国"羲和"：星河远征的探日先锋 /133

第七章 触手可及的生活之美 /139
第一节 全面服务于国计民生 /141
第二节 卫星与生活深度融合 /148
第三节 拓宽人类认知的边界 /155
第四节 未来航天展望与畅想 /159

后记 /163

参考文献 /166

导　读

两千多年前,爱国诗人屈原用《天问》叩问苍穹,向宇宙求问真理之道:"遂古之初,谁传道之?上下未形,何由考之?""圜则九重,孰营度之?"这是中国文人对宇宙最早的发问。从古代的飞天梦想到现代的太空探索,人类对于宇宙的向往从未停歇。航天活动作为人类探索宇宙的重要手段,不仅在技术上追求极致,也在美学上展示出独特的规律与价值,引发了人们对航天与美学关系的关注与审思。

航天美学是一个新兴的研究领域。2012年2月14日,罗开元在《光明日报》上发表《航天活动的美学价值》一文,提出"航天美学应是研究航天活动中美的表现形式、本质和一般规律的科学。航天美学远远不等于太空美学,它大大超出了仅仅对浩瀚太空之美的品读,而更多地将审美的视野投向人类的航天活动,投向人类创造的航天产品,投向人类的航天精神,因而它比太空美学的内涵要丰富博大得多。"

随着科技的不断进步,我们对太空的探索越来越深入。在这个过程中,中国航天如何在科技与艺术的结合中创造出新的美学价值,这是一个让人充满期待的话题。尽管近年来航天发展一直备受瞩目，但航天美学作为一个跨学科领域，其理论层面尚未形成体系，目前的研究多集中在航天器的外观设计、功能布局等方面，对于航天美学的深层次理论探讨，如审美心理、文化意义等方面仍显不足。航天美学的理念在航天器设计中得到了一定程度的应用，但在更广的时间领域有更大的发展空间。

《苍穹之韵：中国航天科技的美学探索》一书，是我们作为航天人的一份深情告白，也是我们对中国航天科技发展的一次深刻思考。我们尝试从美学的角度，去解读中国航天科技的发展历程，去感受科技与艺术的交融之美。中国航天的美学魅力，在航天器的外观设计上，更在于它与我们民族情感的紧密联系中，每一次航天发射，都激发了亿万国人的民族自豪感和爱国情感，让我们感到无比自豪和激动。

这本书，可以说是我们对航天美学的一次尝试性解读，通过阐释科技和艺术如何在航天领域内相互融合，让大家看到中国航天科技的美学价值，感受到人类在探索宇宙的征程中，对美不懈追求的精神。未来航天美学研究将呈现出实践性和跨学科的发展趋势。一方面，航天美学研究将更加注重与航天工程实践的结合。随着航天技术的成熟和航天活动的频繁，美学研究将不再局限于理论层面，而是更多地参与到航天器设计、太空环境适应性研究等实际应用中，通过美学的视角，为航天工程提供更加人性化、艺术化的解决方案。另一方面，航天美学将更加重视跨学科的融合，不仅仅是艺术与科学的结合，还涉及心理学、人类学、社会学等多学科领域，能帮助我们更全面地理解航天活动对人类心理、文化和社会的影响。

当前，人们正在探索美学与科学灵感的无限边界，通过人工智能和虚拟现实技术，将提供更加直观和沉浸式的体验，使人们能够更加深入地感受太空的神秘和美丽。我们坚信，随着科技的不断进步，中国航天科技的美学探索也将迎来新的发展机遇，未来的航天科技将更加注重科技与美学的结合，更加注重人类与自然的和谐共处，将带给我们更多的惊喜、更多的美。

上编
何以为美:中国航天美学的轮廓勾勒

第一章　交相辉映的融合之美

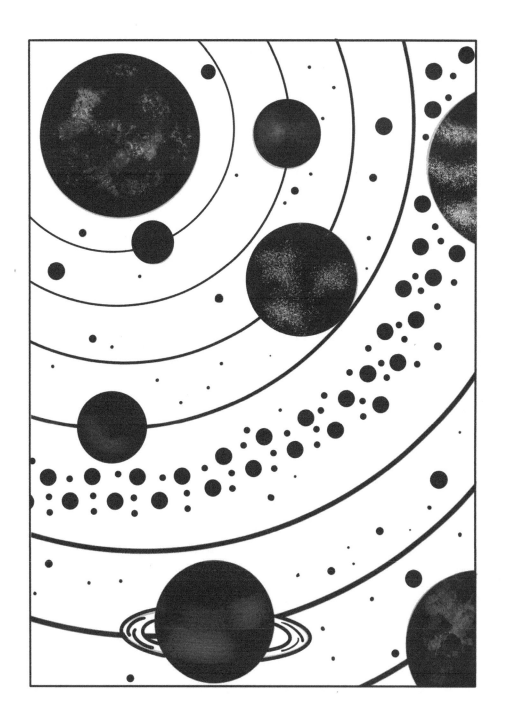

美学作为一种哲学思考，旨在探讨美的本质、起源和价值。航天美学作为美学在航天科技领域中的具体应用和延伸，探讨了人类在探索宇宙时所体验到的美和审美价值。当我们将美学的视角转向浩瀚的宇宙，会发现星辰的分布和运动遵循着宇宙的秩序，它们如同散落的珍珠，点缀着无尽的黑暗，以其独特的光芒诉说着宇宙的奥秘，展现出宏大的和谐之美。这种和谐之美，是"秩序与和谐"原则的体现，它超越了时间和空间的限制，让我们思考人类在宇宙中的位置，以及我们如何与自然和谐共生。通过对航天科技中美的探讨，不仅能够激发我们对自然和宇宙奥秘的思考，还能让我们深入反思人类存在的意义。在宇宙的尺度下，地球不过是一粒尘埃，人类个体相对于地球万物更是显得无比渺小，人类虽渺小，却能以智慧和勇气探索未知，彰显生命的伟大。这种从渺小中发现伟大的过程，正是美学中"崇高"概念的体现，它让我们在面对浩瀚宇宙时，既感受到自身的渺小，也体会到探索和发现带来的精神上的震撼和提升。

第一节　对美学的探索与理解

美学是对美的一种探索和理解，源于艺术领域，又超越了艺术领域的局限，在发展的过程中逐渐与文化认同、情感交流、个人成长等方面紧密相关。美学的研究试图去找到美的本质和规律，从而让人们的生活因为美而变得更加丰富多彩，这对人类社会和个人生活具有重要意义和应用价值。美学对艺术家的创作和观众的鉴赏都起着重要的作用。艺术家通过美学的指导，能更好地理解和运用艺术技巧，使作品更加地趋于完美并引人入胜；观众则通过美学的熏陶，培养自身对艺术作品的欣赏能力，提升审美体验。

美学是一门与日常生活联系紧密的学科，它关注艺术与美的存在，以及我们如何在生活中感知、体验和欣赏美。美学的起源，可以追溯到古希腊时期，这一时期人们开始对艺术和美的本质产生浓厚的兴趣，这可以看作是美学的起点。一些著名的哲学家，比如柏拉图和亚里士多德，对美学的发展做出了重要贡献。

柏拉图认为美是一种永恒不变的客观存在，不以人的意志为转移，只能通过理性来认识，它存在于一个我们看不见、摸不着的理念世界里，周围所有美的事物，其实都是这个美的理念的复制品。在《斐德罗篇》中，柏拉图认为美的形式体现在和谐、比例和秩序上，这些都是美的理念在感官世界中的体现。在柏拉图看来，美是一种超越现实的理念，它永恒不变，存在于一个理念世界中，要真正理解美，我们需要超越感官经验，通过理性的洞察来认识美；艺术作品虽然美，但它们只是模仿，离真理还有距离。

亚里士多德则更加关注感官世界中的美，在《诗学》中，他将美学视为一种实践科学，关注艺术作品的创作和欣赏过程。他认为，美是一种形式的和谐与秩序，强调形式与内容的统一。他提出了"模仿说"，认为艺术是对生活、自然和人性的模仿，但这种模仿不是简单的复制，而是通过艺术家的创造性加工，提炼出事物的普遍性和典型性。他的观点对后世的文学创作和艺术理论产生了深远的影响。

除了哲学家对美的思考和探索外，古希腊还有丰富多样的艺术实践。例如，古希腊的建筑、雕塑、绘画、音乐和戏剧等艺术形式，都达到了极高的水平，这些艺术进一步激发了人们对美的思考和追求，促进了美学的发展。古希腊人倡导的审美观念对后世产生了深远的影响，他们认为美与道德、品行、智慧紧密相关，美不仅是一种感官体验，还具有一种高尚和理想的精神内涵。这种审美观念成为后来美学发展的重要基石。

在中世纪，由于宗教的统治和教会的压制，美学思想和艺术实践受到了限制，人们认为美是和神有关的东西，因而在艺术和文学里，到处都是象征和比喻，比如十字架、圣杯，都是用来表达宗教故事和精神意义的。中世纪的艺术在功能上除了供人欣赏外，更侧重于它的实际用途——教育人们并传达一些精神和道德上的理念。艺术家们通过他们的作品，让人们感受到一种超越现实世界的感觉，告诉人们这个世界之外，还有更深层次的东西存在。

在文艺复兴时期，人们开始重视自己，认为每个人都有价值。这一时期的艺术家和学者们重新发现了古希腊和古罗马的艺术和哲学，他们想要找回古老时期对美的标准，比如事物的和谐、平衡和比例。艺术家们开始更加仔细地观察大自然，用一些特殊的技巧，比如透视法和光影效果，让画出来的作品看起来更立体、更逼真。同时，文艺复兴时期的艺术家们还把艺术和科学结合起来，用数学、几何学和物理学的知识来帮助自己创作。

达·芬奇是这一时期的代表。他作为杰出的艺术家和科学家，以多才多艺和创新精神闻名于世。他创作了《蒙娜丽莎》和《最后的晚餐》等传世名画，同时在解剖学、工程学、光学等领域也有深远影响，其发明和设计草图展现了超前的思维和对自然世界的深刻洞察。

这个时期的美学观念和当时的社会情况、政治环境联系颇深，艺术家们开始关心社会问题，并在艺术作品中表现出来。人文主义者认为，教育和文化对于个人成长和社会进步至关重要，他们鼓励人们多学习，多交流。他们还开始探索神话故事、历史事件和日常生活的场景，表现出对宗教和日常生活的平衡看法。同时，因为印刷术的传入和书籍的普及，艺术作品不再只是教堂和贵族的专属，而是开始走向了大众，让更多人能够欣赏到艺术的美。

启蒙时期是西方美学发展中的一个重要阶段，它继承了文艺复兴时期重视人的价值和个性的美学观念，并在此之上有了更多延伸。人们更看重理性思考和批判精神，美学理论家们试图通过理性的方式去分析和理解美，他们认为美是可以用逻辑和科学的方法来研究的。伊曼努尔·康德在《判断力批判》里写道，美是一种让人感觉到愉悦的东西，但这种愉悦和我们想要得到什么或者达到什么目的没有关系，它更多的是基于我们自己的感受，这种感受是普遍的，不是只有个别人才会有的。伊曼努尔·康德还对美做出了区分：一种美是"纯粹美"，就是说这种美和任何概念或者目的都没有关系，它就是美；另一种美是"依存美"，这种美和人们的想法或者目的有关。他强调，审美的判断是个人的，同时也是被普遍接受的；审美体验就像是没有目的，但又好像有目的一样；我们看到美的东西，它们的形式和我们的认识能力很匹配，所以我们就会感到快乐。他的观点对后世的美学和艺术理论产生了深远的影响，众多研究者在其理论基础上进行了深入的探索和发展。

到了20世纪，美学逐渐摆脱了传统的限制，开始出现了多元化和跨学科的发展，从形式主义、表现主义到后现代主义等，各种美学流派相继涌现。此外，社会学、心理学、认知科学等学科的发展，也为美学的研究提供了新的角度和方法。

后现代美学和传统美学存在显著差异，它反对那种认为存在唯一美学标准的观点，主张美具有多样性，不同个体可以对美有不同的理解和追求。后现代美学让艺术和美不再高高在上，而是更接地气，更贴近每个人的生活和感受。在这种观念的影响下，艺术不再只是追求形式上的完美或是技巧上的高超，而是更看重表达个人的想法和感受，以及对现实世界的一些思考和批判。后现代艺术作品往往不走寻常路，打破常规，挑战人们对美的传统看法，它们会用拼贴、混合、解构等方法，创造出独特的视觉感受和引人深思的内容。

随着全球化进程加快，亚洲、非洲、拉丁美洲等地的美学思想和艺术实践开始受到越来越多的关注。这些地方的美学极具特色且亮点鲜明。中国美学强调意境和气韵生动，追求人内在精神的表达，在艺术作品里寻找与自然和谐共处之道。非洲艺术则以其鲜明的节奏感、强烈的色彩对比和独特的抽象形式，展现出对生命活力和社区精神的重视。拉丁美洲美学融合了原住民文化、欧洲殖民影响和非洲文化，具有多元性、色彩鲜艳和形式多样的特点。

当前数字技术飞速发展，人工智能、虚拟现实、增强现实等高科技手段，在艺术创作中的应用越来越广泛，呈现出技术与美学结合的趋势。这给艺术家们带来了更多的创作可能性，他们把科技的精准和艺术的感性融合在一起，创造出一种全新的审美感受。比如，通过算法生成的艺术作品，每一幅都具有独一无二的特性，带给观众全新的视觉体验；通过虚拟现实技术，使戴上特殊眼镜的观众即刻沉浸在高仿真立体视觉的艺术作品里。这些技术的进步，使得艺术创作的方式变得更加多样，也使得美学理论不断地更新。人们开始重新思考科技和艺术的关系，这种融合不仅让艺术的形式变得更加新颖，而且推动了艺术和科技向着更深入、更广泛的合作发展。

此外，环境美学也越来越受到人们关注。环境美学是一门研究人与环境之间审美关系的学科，探讨自然环境、人造环境和艺术环境对人们情感、认知和行为的影响。环境美学不仅关心自然山水，也关心人类社会的城市、建筑和公园等人造环境。环境美学家们强调，人和环境要和谐相处，建筑师在设计和改造环境的时候，首先要满足居民的日常生活需要，同时要考虑到保护生态平衡和传承历史文化，通过精心的布局、色彩搭配和材料选择，创造出既美观又实用的建筑，让人们的生活更加美好。

当我们谈论美，往往会联想到艺术的细腻与精致，那些流动在画布上的色彩、雕塑中的线条、音乐里的和声，无一不展现着人类对于美的深刻理解和追求。然而，在这之外，还有一片广阔天地，它以一种截然不同却同样震撼人心的方式，展现着美的力量，那就是科学技术之美，尤其是探索宇宙奥秘、挑战人类极限的航天科技之美。

第二节　航天与美学的融汇点

航天和美学，这两个看似不相关的领域，其实有着千丝万缕的联系。航天领域是人类对宇宙奥秘的探索，是科学、技术、工程的集大成者和前沿阵地；美学领域是艺术、审美和情感的体现，是人类对于美的追求，它让人们欣赏美、感受美、创造美，是艺术的灵魂所在。航天并非是缺乏温度的科学实践，而是承载着一种新的审美概念和艺术品位，同样需要融入审美的洞察，而美学，也不仅仅是艺术创作，它同样需要科学精神，艺术家们在创作时，也需要对色彩、线条、光影等进行科学的分析和探索。因此，航天和美学并非孤立存在，相反，二者交集甚多，相互影响，相互促进，相辅相成。航天让我们有机会探索宇宙的美，而美学则让我们有能力欣赏和理解这种美。

航天科技的进步，不仅推动了人类对宇宙认知的边界，也激发了人们对于美的新的追求和理解，它将高远的科技梦想与深邃的美学思考紧密相连，为人类的审美视野带来了全新的维度。在美学的视角下，我们不再将航天器视为冷冰冰的机器，而是将其视为人类智慧和创造力的结晶，视为连接人类与宇宙的桥梁。航天器的设计、发射、运行，乃至于在太空中的每一次运动，都蕴含着美学价值，它们的线条、色彩、形态，以及在太空中展现的光影效果，都构成了一种独特的视觉艺术。

航天科技的进步，不仅是对未知的一次次勇敢挑战，更是一种审美体验的升华。通过卫星图像，我们如同站在宇宙的视角，俯瞰地球的壮丽景色，这种超越日常生活的视觉冲击，激发了我们对地球家园的深厚情感和对自然之美的敬畏。探测器传回的数据，像是宇宙深处的回声，让我们在探索的旅途中，感受到宇宙的深邃与神秘，这种对未知世界的探索，充满了浪漫主义和冒险精神。

航天科技的进步，不仅拓宽了我们对世界的认知，也极大地丰富了我们的生活体验，许多源自航天技术的创新已经转化为现代工业科技，并广泛应用于我们的日常生活中。太阳能电池技术的发展、速冻蔬菜的加工工艺等，都是航天技术为人类生活带来的实际益处，将宇宙的奇迹转化为生活的便利。这种转化过程本身就是一种美学的实践，体现了科技与日常生活融合的和谐之美。每一次航天技术的突破和革新，都在不断地推动着社会向前发展，提高着我们的生活质量，让我们在日常生活中也能感受到科技的魅力和美的愉悦。

航天科技的发展，创设了更多的审美对象，给艺术家们带来了源源不断的创作灵感。精密的航天器、神奇的太空服，从外观设计，到内部功能的实现，再到它们所代表的文化意义，美学的元素无处不在。航天器在太空中遨游，它们的形状、颜色、运动轨迹，在浩瀚无垠的星系衬托下，展示出种种不同于航空飞行的独特美感。航天技术的进步，不仅推动了航天飞行、航天工程的发展，催生出许多前沿装备和工艺，也为艺术创作提供了更多的可能性，给艺术创作带来了全新的视角和想象空间，给人们带来了全新的审美体验。

航天科技的发展为人类提供了全新的审美工具，创造了新的审美方式。在传统美学中，我们欣赏美主要依靠眼睛看、耳朵听，就像是直接用手触摸到一朵花，感受它的柔软和香气。但航天科技的发展，给了我们一副无比强大的望远镜，我们不再是简单地仰望星空，而是不断拉近人类与闪烁的星星、绚烂的星云、神秘的黑洞的视距，激发我们无限的想象。我们不仅能看到宇宙的壮丽景象，还能通过光谱分析和图像处理技术，深入了解宇宙中的物质和能量是如何分布和变化的，从而对宇宙有了更深的认识和理解。

航天科技的发展，延伸了人们的审美视野，给美学研究注入了一股清新的气息。以前，我们谈论美，更多的是关注那些挂在墙上的画、摆在博物馆里的雕塑。随着航天技术的进步，我们的视野被大大拓宽，美的定义也不再局限于传统的艺术作品。我们可以把目光投向浩瀚的宇宙，去探索那些星系、行星、彗星等天体的奥秘，这些自然现象，既有重大的科学价值，也有无法抗拒的美学诱惑。研究这些宇宙奇观，能够帮助我们更深入地理解美的本质，发现美的新规律，推动美学理论的创新和发展。

航天科技的发展，开辟了新的审美领域，不仅让我们有机会探索宇宙的奥秘，更让我们有机会重新定义美、发现美、创造美。这种美，不再局限于传统的艺术作品，而是扩展到了更广阔的领域，包括自然现象、科技装备、艺术创作等。这种美的探索和创新，丰富了我们的审美体验，激发了我们的想象力和创造力，让我们对美的追求永无止境。艺术家们可以把这些美丽的宇宙景象，通过绘画、雕塑、音乐、电影等艺术形式，转化为人们可以感知和欣赏的作品。这些作品能够触动我们的情感，引发我们对生命、宇宙和存在的深刻思考。

航天科技的发展，为美学领域带来了新的表达方式和创作工具。航天科技不仅推动了人类登月、探索火星的行动，还使人们能够观察到地球的全貌和变化。通过卫星遥感等技术，摄影师和艺术家能够以全新的视角，记录和呈现地球的壮丽景色，揭示出人与自然的神奇联系，拓展了美学领域的表现手法，为艺术家提供了更多的灵感和创作素材。这种全新的视角和体验，对于艺术家和文化创作者来说，就像是发现了一片创作的新大陆。

航天科技的发展，为美学提供了新的研究领域和知识资源。航天科技的发展不仅促使人们深入探索宇宙的奥秘，还催生出了许多科幻文学和电影作品。这些作品以宇宙为背景，探索了人类未来的发展、道德伦理和审美观念等问题，拓展了美学研究的边界。同时，航天科技的创新也为数字艺术、虚拟现实等新媒体艺术，提供了更多的可能性和创作工具，推动了美学的发展和演变。

由此可见，航天和美学都是人类智慧和创造力的结晶，共同彰显着人类对世界的深刻洞察和不懈追求。它们的交融构成了一个新的思想领域和文化交流的桥梁，推动着人类智慧和创造力的不断进步。航天科技的发展，让我们对宇宙有了更深的认识，也让我们的审美体验更加丰富多彩。对航天之美的体验和感知，让我们在探索宇宙的同时，感受到美的力量，体验到美的魅力。这种美的探索和体验，丰富了人们的精神世界，推动了艺术的创作和表达。

航天科技与美学的关系是一种相互促进、共同发展的关系，航天科技的发展推动人类对宇宙的探索和认知，极大地丰富了人类的审美体验和美学实践，同时，美学理论的发展和创新也为航天科技的发展提供了新的思路和方法。随着航天科技的不断发展，人类对宇宙的探索和认识将不断深入，人类的审美体验和美学实践也将不断丰富和创新。

第三节 航天美学的研究范畴

宗白华先生曾在复旦大学的一次演讲中，就"技术与艺术"这一主题发表了深刻的见解："近代的技术，是人类根据科学的知识，应用到实际生活，满足生活的目的和需求的种种发明和机械。艺术则是表现人类对于宇宙人生的情感反应和个性的流露。一方面是实用，一方面是表现；一是偏于物质，一是偏重心灵；一是需要客观的冷静的知识，一是表达主观的热烈的情绪。两者似乎是绝不相谋，然而从历史上和本质上观察，技术与艺术在人类文化整体中是相互联系、密不可分的，我们要给予技术以精神的意义，就是给予美感。"

这种理解为我们提供了一个桥梁，将科学的严谨、技术的实用与艺术的审美联系起来。科学探索的核心在于揭示自然界事物的本质和规律，形成具有强大解释力的理论体系。从哲学的视角来看，这些理论，从形式到内容，都蕴含着一种深刻的美感。航天科技将理性思维与感性表达、功能性与审美性融为一体，不仅在于航天器本身所达到的美学标准，更深刻地体现在航天工作者所具有的创新精神。他们大胆采用新材料、新工艺，结合丰富的想象力，创造出既符合技术要求又具有艺术价值的作品。航天科技是实用性与审美价值的和谐统一，彰显了人类文明的双重成就。

航天科技的发展是科学与艺术的完美结合，是技术与想象的结晶，它让我们看到了技术的力量，也让我们感受到了探索的浪漫。在这里，科学不再是冰冷的公式和数据，而是充满激情和梦想的艺术创作，每一次发射，都是人类对美、对未知、对梦想的无限追求和表达。航天科技的每一次突破,都是对人类制造工艺、知识水平、工程能力等综合实力的集中展现,凝聚着人类社会的智慧精华。

当我们抬头仰望星空,那些神秘的黑洞、绚烂的星云、闪烁的星星,让人既震撼又好奇,航天美学就是研究这些宇宙奇观和航天活动背后的审美价值,它试图回答这些天体为什么能引起人类如此强烈的情感共鸣,它们是如何影响艺术创作和文化理解的。航天美学关注的是看似无形却蕴含巨大力量的东西,比如审美体验、情感共鸣、文化启示等,通过审美感受和美学分析,揭示航天活动的内在美感,让人类对宇宙有更深的理解和感悟。

李泽厚提出:"所谓美学,是美的哲学、审美心理学和艺术社会学三者的某种形式的结合。包括哲学、心理学和客观对象分析三种研究或可分为形而上的(定义美)、审美心理的、社会学的三种研究。"他认为美学不仅仅是研究美的本质,还要结合人的心理感受和社会文化背景,从不同角度去理解和欣赏美。航天美学是运用美学的基本原理和方法,研究航天领域中的美学规律、本质和特点的科学,它将审美的视野投向人类实施的航天活动,投向科技工作者创造的航天产品,投向应运而生的航天精神,探究航天活动中所体现出的美学特征及人类在航天活动中如何进行审美,它既是航天精神文化的有机组成部分,也是把传统美学应用于工程实践的新领域。

航天美学把这种多角度的研究方法应用到航天领域,包括航天器外观设计、航天任务策划、航天文化传播、人和机器互动、航天相关艺术创作等。从客观方面来讲,研究航天活动中实际存在的美,正确认识审美对象,比如航天器设计美学,研究如何将美学原理应用于航天器的外观设计,通过形状、颜色、材料等,以提高其视觉吸引力和功能性。从主观方面来讲,航天美学研究航天任务的美学体验、航天环境与人类感知、航天艺术创作、航天文化传播、航天工程与伦理美学、航天教育与公众参与等内容。

航天美学关注的是人类在航天活动中的审美感受，这种美感，不仅是对美的一种直观感受，更是一种深层次的审美意识，通过这种审美意识，可以激发创造力，产生新的审美体验。这种审美体验成为人与自然、人与人之间沟通的桥梁，帮助人类更好地理解宇宙，理解我们自己。同时，推动人类智慧和创造力的发展，让人类在探索宇宙的道路上不断前进。航天美学就是用一种全面、深入的方式，去探索和体验航天活动中的美，让人类在仰望星空的同时，也能够感受到美的力量，它是人类对宇宙的热爱的体现，也是对美的一种永恒追求。

航天美学结合了艺术、工程、科学和哲学等多个领域，揭示了宇宙的美丽与奥秘，并通过航天技术的发展将这种美学原理运用于实践之中。航天美学的运用，提升了航天器的功能性，赋予了它独特的审美价值。从航天器的外观设计到太空站的内部布局，从航天器的轨迹规划到星际探索的愿景构想，美学贯穿于航天活动的每一个细节。

航天美学关注的不仅仅是航天器的外观，更关注它们如何与人类进行交流，如何激发想象力和创造力，它试图揭示航天活动中的美学规律，比如为什么某些设计会让我们感到舒适，某些任务会让我们感到兴奋。美学在航天器设计中的创新途径是多方面的，涉及功能性、材料工艺、人机工程学、环境适应性和文化元素等多个层面。材料与工艺的创新为航天器设计提供了新的可能性，轻质高强度材料的使用，不仅减轻了航天器的重量，也为造型设计提供了更大的自由度；3D打印等先进制造技术的应用，使得航天器的负载结构部件都得以实现，进一步丰富了设计的可能性；人机工程学的考量在航天器设计中至关重要，美学的创新不仅要满足视觉审美，更要考虑到宇航员操作的便利性和舒适性，通过合理的空间布局和界面设计，提高宇航员的工作效率和执行任务的安全性。同时，环境适应性也是航天器设计中不可忽视的美学因素，航天器需要在极端的太空环境中稳定运行，因此设计时需考虑对环境因素的适应性，通过材料选择和结构设计，确保航天器在不同环境下的稳定性和可靠性。

航天美学研究可以促进科学和技术的发展，通过研究航天活动中的美学特性，可以发现航天技术和工程设计中的优缺点，并提出改进和创新的建议，帮助科学家和工程师更好地理解和运用美学原理，在航天器设计和航天任务执行中注入更多人文关怀和审美体验。太空探索是人类社会的伟大探险，它超越了国界和种族的限制，代表了全人类的共同追求。研究航天美学有助于激发人们对太空探索的兴趣和热情，增强人类对宇宙的敬畏和对未知的探索欲望。同时，太空探索也给人类社会带来了众多的科学发现和技术创新，为人类文明的进步和发展提供了重要的动力。

航天美学作为一个独特而重要的领域，通过审美视角和艺术创作，开拓了人们对宇宙的认知和理解。航天美学不仅仅是艺术的创作，它还帮助我们更好地理解科学，通过艺术的形式，让那些复杂的科学原理和航天技术变得生动起来，让我们更容易接受和理解它们。航天美学还引发了我们对文化和哲学的思考，它让我们思考人类在宇宙中的位置，思考我们与宇宙的关系，甚至思考生命的意义。航天美学强调的是一种生命精神，一种将艺术与科学相结合的精神。航天器不仅仅是冰冷的机器，更是有生命、有情感的存在，通过提升航天器的功能性、效率和视觉吸引力，我们可以更好地与它们进行互动，更深入地理解它们。

航天美学研究有助于弘扬人类的精神和价值观，太空探索代表了人类勇往直前、不断超越自我，追求知识和探索真理的精神，通过审美感受和美学分析，能够更好地体会到人类对宇宙的敬畏、对生命的珍视以及对和平与合作的向往。航天活动是人类文明的伟大壮举，它超越了国界和民族，代表着人类团结勇敢和艰苦奋斗的精神，通过对航天美学的思考，我们可以思考人类的存在意义、宇宙的起源和未来发展等深刻问题，从而拓展人类智慧的边界。

航天美学研究使人们更加意识到人类在宇宙中的渺小，同时也激励人们发扬团结、奉献和创新的精神，为实现人类社会的可持续发展做出贡献。

第四节 中国航天的美学特点

中国航天是科技活动的杰出代表，随着多元文化融合的不断加快，人们对航天领域的审美要求和体验标准与日俱增。中国航天科技之美渗透在各个方面，包含文化美、自然美、精神美、科技美、生活美等方面，我们借助审美性、艺术性的手段，可以强化科技与人文的结合，发挥美的积极作用，从而在"百花齐放、百家争鸣"的大众文化浪潮中，走出一条独具审美价值的创新之路。

在文化层面，中国航天之美体现为符号象征与精神共鸣，传达特定的文化意义。航天活动不仅仅包含科学与技术，还包含了航天工作者孜孜不倦的探索精神。几十年来，我国航天事业的快速发展不仅依靠先进的技术水平，同时也离不开优秀的民族文化传统，我国航天活动中所包含的深厚的文化象征，正是中国航天活动美学价值的本质体现。

航天活动帮人们实现了千年的飞天梦想，各类航天活动都承载着中华文化中对于宇宙的向往和浪漫的探索精神。中国航天活动常以中国神话和传统文化为灵感,这些名称不仅富有诗意,也体现了中国人民对太空探索的浪漫想象和美好愿景。

中国航天的命名都有深厚的文化底蕴,如:为什么我们中国的载人空间站叫"天宫"?核心舱"天和"的名字源于《庄子·知北游》中的"若正汝形,一汝视,天和将至"。实验舱"问天"的名字源于汉代王逸的《楚辞章句》:"何不言问天?天尊不可问。"实验舱"梦天",命名的灵感来源于唐代"诗鬼"李贺的《梦天》,诗中描绘的月宫仙境,让人浮想联翩。因为三个舱的名字中都有"天",故而将载人空间站称为"天宫"。为什么我们的火星探测任务叫作"天问"?因为屈原曾经发出过叩天之问:"九天之际,安放安属?隅隈多有,谁知其数?"为什么我们的首辆火星车叫作"祝融"?因为祝融是上古神话中的火神,在《左传》《史记》《山海经》《礼记》等数十部古书中均有记载。这样的例子还有很多,我们的探月工程叫"嫦娥工程",登月探测器名为"嫦娥",月球车名为"玉兔",而它们的着陆地点也被命名为"广寒宫"。

我们发射的一系列卫星,暗物质探测卫星叫"悟空",首颗太阳探测科学技术试验卫星叫"羲和",量子实验卫星叫"墨子",气象卫星叫"风云",中继通信卫星叫"鹊桥",全球定位卫星系统叫"北斗",全球低轨卫星系统叫"鸿雁",太阳监测卫星计划叫"夸父"……还有把它们送上太空的火箭叫"长征"。神舟巡天,天地人和。祝融落火,嫦娥奔月。中国航天人用辛勤汗水,将中华文明的浪漫与诗意带上太空,这些都承载着中国人民对遥远星空和未知宇宙的无限憧憬和美好向往,指引航天人不断超越自我,逐梦星辰。

在自然层面,中国航天之美体现为空间维度的物理景观,所带来的视觉冲击,航天活动将人类的视野扩展到宇宙深处,通过望远镜和探测器，能够观察到遥远的星系、恒星、行星以及其他天体，这些视觉图像激发了人们对宇宙的无限想象。不同的星球和星系具有各自独特的色彩、纹理和形态，这些自然特征构成了航天活动中丰富多彩的视觉元素。航天科技的发展不仅推动了人类登上月球、探索火星，还使人们能够观察到地球的全貌和变化，通过无人机、卫星等技术，摄影师和艺术家能够以全新的视角记录和呈现地球的壮丽景色，揭示出人与自然的神奇联系，拓展了美学领域的表现手法，也为艺术家提供了更多的灵感和创作素材。

航天活动是人类探索浩瀚宇宙的过程，美丽的太空让人们充满憧憬和向往。航天器在太空运行时，所处的环境与地球截然不同，太空中没有大气，没有云层，只有星光和星系作为背景，这种独特的物理景观给人以深远和宁静的美感。航天器的设计往往追求简洁、流线型，以适应太空环境的需要。这种设计在视觉上给人以强烈的冲击感，尤其是当航天器在地球的背景下飞行时，其对比鲜明的色彩和形状，能够产生强烈的视觉美感。

在精神层面，中国航天之美体现为航天精神的发展与传承。伟大事业孕育伟大精神，伟大精神引领伟大事业。深厚博大的航天精神在我国一代代航天人投身重大工程实践、推动航天强国建设的拼搏与取得的成就中得到了凝练，并于2021年被正式纳入中国共产党人的精神谱系。深厚博大的航天精神跨越时空，不断发展，是航天事业的精神结晶，是红色血脉的传承发展，是中华民族的宝贵财富，蕴含着磅礴绵延的精神力量。航天精神及其力量，以及其中蕴含的规律与智慧，为各个领域的发展与进步提供了有益的启示与借鉴。

在科技层面，中国航天之美体现为航天器设计与结构的精巧。航天工程涉及的高精尖技术非常多，由此也产生了尖端技术带来的美感体验，各种精妙的设计和设想，最终都落实在不同的航天项目上，火箭、飞船、探测器等，多数都自带设计美感。火箭、卫星等都是凝聚着美、展现着美的作品，它们所展现的美，绝不是矫揉造作的美，而是浑然天成的美，是一种科技与艺术结合的美。在航天器设计领域，美学的融入不仅关于视觉审美，更与功能性、效率和技术创新紧密相连。

航天器的外观设计涉及技术、功能、文化、品牌和公众审美等多个方面，不仅关乎其在太空中的功能实现，也是人类探索宇宙梦想的体现。航天器的外观设计需要考虑其在太空环境中的适应性，在极端温度、辐射和微流星体撞击等条件下，航天器的外形设计应确保结构的稳定性和耐久性。例如，流线型的设计可以减少空气阻力，虽然在太空中空气稀薄，但这种设计有助于减少太空垃圾的撞击影响。航天器的美学设计应体现其功能性，设计不仅要美观，还要确保航天器的各个部件都能高效地工作。例如，太阳能帆板的布局和角度，需要精心设计，以最大化收集能量，同时与整体外观设计相协调。

在生活层面，中国航天之美体现为对日常生活的融入性和渗透性。随着航天事业的迅速发展，在科技创新的新引擎下，社会各界对于航天的关注度大幅提升，特别是大众创业、万众创新平台和商业航天的推动，创造了航天科技发展开放融合的新机遇。航天不再是一个封闭的、自成一体的垄断行业，开放融合必将成为大趋势，航天在惠及国民经济、百姓生活方面发挥了重要作用。

目前，我国在轨工作的各类卫星超过 900 颗，广泛服务于经济社会发展，为平安中国、美丽中国、数字中国建设等发挥着重要作用。通信卫星为农村及边远地区家庭提供远程教育、远程医疗、跨境电商等服务，助力脱贫攻坚和乡村振兴。遥感卫星影像有力保障气象预报、国土规划、生态环保、海洋经济、灾害应急等需求。北斗系统广泛应用于大众出行、智慧物流、精准农业，特别是在城市应急管理、医疗健康、地质灾害监测、海洋事务等方面，正在以其卓越的性能，广泛而深入地影响并改善着大众生活。航天技术推动了新能源、新材料等一大批新兴产业发展，促进了智慧城市、无人驾驶等新业态的兴起。

第二章 意蕴深远的时代之美

航天梦、中国梦与世界梦,皆是与时代发展休戚与共的重要理念。航天梦承载着人类对太空的无尽探索与对科技进步的热忱向往,中国梦是中华民族近代以来最伟大的梦想,就是要实现中华民族的伟大复兴,世界梦涵盖了人类对于社会进步、经济发展、文化繁荣、生态和谐等各个方面的渴望和梦想,寓意着全球共同发展、携手合作与共享繁荣的宏伟愿景。三个梦想,虽侧重点不同,却相辅相成、息息相关。航天梦是中国梦的重要组成部分,航天事业的发展,航天梦想的逐步实现,必然助推中国梦的实现。中国梦与世界梦是同向同行的,中国梦的逐步实现也预示着人类社会向着更加公正、和平、繁荣、包容和可持续的方向发展。从美学的角度来看,航天梦体现了人类对于宇宙秩序与和谐的追求,是对"秩序美"的探索和体现;中国梦则展现了民族复兴过程中的"崇高美",是对国家和民族精神的升华;世界梦则是一种"和谐美",它强调全球共同发展中的平衡与协调,是对人类共同价值和理想的追求。这三个梦想的实现,是人类对美的追求和实现的过程,它们共同构成了人类文明进步的美学画卷。

第一节 拓宽人类审美新视野

航天活动是人类对宇宙深邃奥秘的强烈好奇与不懈探索欲望的具象呈现,始终贯穿于中华民族漫长而悠久的历史进程与璀璨文化体系之中。流传千古的"嫦娥奔月"传说以及敦煌壁画中的飞天形象,这些极具代表性的神话故事与艺术创作,不仅充分反映了古人对浩瀚星空的无限渴慕与憧憬,而且蕴含着浓郁的浪漫主义情怀和丰厚的人文精神,是人类对宇宙奥秘向往的早期典型表达。

在当代,航天科技肩负起将梦想与向往转化为现实的重大使命。它凭借精确的数字、严谨的逻辑以及创新的设计,搭建起通往星辰大海的坚实桥梁。每一次火箭的轰鸣皆是对太空的深情呼唤,每一颗卫星的升空均是对梦想的执着追寻。在这片充满无限可能的领域,科技与美学相互交织,缔造出一种超越传统、令人赞叹的全新美学形态。

航天器优美流畅的外形,在令人惊叹之余,让我们深切感受到美的强大力量。这既是空气动力学的卓越成就,更是设计师智慧的璀璨结晶。航天器的每一个线条、每一个曲面,皆源自精确的计算以及无数次风洞试验的严格检验。它们不仅揭示了科学原理,更完美呈现出力量与优雅的深度融合。

航天员的每一次出舱活动,每一次在无垠太空中的漫步,皆是人类尖端航天科技与无畏勇气精神的完美融合,充分展现出人类对宇宙无尽探索的渴望。这些充满挑战、复杂艰巨的任务背后,得益于每一个部件的精确制造以及每一项功能的精准实现,无不映射出中国航天人对极致完美、精益求精的美学的不懈追求与执着坚守。

当我们仰望天宫空间站那独具特色的三舱"T"字构型设计时,会被其宏伟的空间布局与精妙的设计理念深深吸引。天宫空间站不只是科研探索的前沿阵地,更是人类智慧与美学追求的象征。空间站三大舱段精准的在轨组装和姿态控制,不但给我们带来视觉上的强烈冲击,更是精湛工艺与严谨技术流程的直观体现。空间站的机械臂,凭借其组合、爬行、抓取和捕获等动作,展现出技术的复杂性,为我们带来一种前所未有的艺术观感。内部的布局以及功能模块的设计,深刻体现出对宇航员工作与生活需求的精准把握,以及对空间高效利用的极致追寻。

回归本源，航天科技所带来的美学震撼是建立在精密工程设计基础之上的，它源自航天器，如火箭、卫星、飞船、空间站、探测器等的研发。航天科技的美学，乃是科学与艺术的完美融合，技术与想象的璀璨结晶。在这里，科学不再仅仅是枯燥的公式与数据，而是充满激情与梦想的艺术杰作。

航天美学体现为对传统审美观念的突破，在航天器设计中，设计师不仅要考量美学因素，更需兼顾其在极端太空环境下的实用性与可靠性。这种设计思维促使航天美学在追求美观之际，越发注重功能性与服务性。于太空中，每一项功能都关乎航天任务之成败，设计必须将功能性置于首位。这种对功能的高度重视，使得航天器在实现美观的同时，具备更强的实际应用价值。在太空环境里，任何多余的设计都可能成为负担，航天美学倡导简约而非简单的设计理念，通过削减不必要的装饰，让航天器更加轻巧、高效。

航天美学作为一门研究航天活动中美的表现形式、本质及一般规律的科学，具有极高的审美价值与独特的学术价值。不同于传统的太空美学，航天美学将审美的视野投向人类创造的航天产品、航天工程以及航天精神，更多地聚焦于人类航天活动的精神追求与美学价值。它凭借独特的审美视角，丰富了人类的审美体验，促进了科技与艺术的融合，推动着人类对宇宙的探索与认知，拓展了人类对美的认知范畴。也正因为如此，航天美学激励人们始终保持对未知的好奇心与探索欲，持续挑战自我、超越极限。它让人们深切感受到科技的力量与美感，激发人们对科技的兴趣与热爱。随着人类对太空探索的不断推进，航天美学必将在未来绽放出更加璀璨的光彩。

第二节　开辟哲学研究新领域

新时代中国的高质量发展，在很大程度上得益于新发展理念的贯彻落实，得益于创新技术的大量运用，得益于人才体制的积极变革，得益于教育质量的稳步提高。今日之中国，不仅自然科学领域的研究水平日渐提升，哲学社会科学领域的研究水平的日趋繁荣也是不争的事实。未来之中国，想要如期达成中国式现代化的目标，实现民族复兴，最根本的还是要靠科学研究。这里的科学研究不仅仅是自然科学基础理论研究以及建立在此基础上的技术突破，也包括哲学和人文社会科学的繁荣，特别是构建中国特色、中国风格、中国气派的学科体系、学术体系和话语体系。

哲学社会科学的发展，离不开对各种先进思想和文化的持续吸收与借鉴。作为新兴的交叉学科，航天美学以其独特的学术视角和研究方法，为哲学社会科学的拓展提供了全新的路径，将为推动中国哲学社会科学的创新贡献崭新思路和方法，发挥积极作用。二者的深度融合，使我们能够更为透彻地理解和阐释航天活动背后蕴含的社会、文化、政治等多元因素。从学理层面看，这种融合有助于打破学科壁垒，促进知识的交叉与创新。在学术实践中，它能够为哲学社会科学研究注入新的活力，进而有力地推动中国特色哲学社会科学的繁荣发展。

实践发展证明，一方面，伴随着国家综合国力的不断增强以及国际地位的稳步提升，中国特色哲学社会科学在国际上的影响力与话语权逐步增强。从学术交流的角度看，越来越多的中国哲学社会科学研究成果在国际舞台上崭露头角，为全球学术发展贡献了中国智慧。另一方面,随着改革开放的不断深入以及社会主义市场经济的持续完善,中国特色哲学社会科学在回应现实问题、推动社会发展方面成效显著。在理论研究层面,学者们积极探索符合中国国情的哲学社会科学理论体系;在实践应用方面,哲学社会科学研究成果为国家政策制定、社会治理等提供了重要的智力支持。

然而,在快速发展的进程中,中国特色哲学社会科学也面临着一系列的问题与挑战。在全球化的宏大背景之下,中国特色哲学社会科学的发展,一方面承担着国家软实力提升的重任,另一方面也面临着在全球话语体系中发出中国声音、讲好中国故事的艰巨挑战。如何更为有效地融合传统与现代、本土与国际,又如何更好地回应时代的变迁以及社会的需求,已经成为当前中国特色哲学社会科学必须解决的重要课题。

航天美学作为一门新兴的学科领域,不仅具有独特的审美价值,也具有重要的文化价值和学术价值。作为研究航天活动中美的表现形式、本质和一般规律的科学,航天美学的独特之处在于它将航天科技与美学相结合,涵盖了航天技术、航天文化、航天精神等多个方面,以独特的视角和深刻的内涵,揭示了人类探索宇宙、追求美好生活的精神追求,拓展了哲学社会科学的研究领域,为哲学社会科学的研究提供了新的视角和思路。

航天技术作为人类探索宇宙的关键工具,其发展历程与辉煌成就堪称人类智慧的璀璨结晶。哲学社会科学工作者能够深入研究航天技术的发展进程,进而探讨科技进步与社会发展之间的紧密关系,以及科技进步对人类文明进步的强大推动作用。与此同时,航天技术的蓬勃发展也衍生出诸多新的社会问题,例如,太空资源的开发利用以及太空环境的保护等,这些问题无疑为哲学社会科学的研究开辟了崭新的领域。

航天文化作为人类文化的重要构成部分，其别具一格的审美价值与丰富的文化内涵，为哲学社会科学的研究提供了极为丰厚的素材。哲学社会科学工作者可以通过对航天文化的形成与发展进行深入探究，剖析文化多样性与人类文明进步的内在关联，以及文化创新在推动社会发展过程中所发挥的重要作用。此外，航天文化充分体现了人类对未知世界的强烈好奇心与执着的探索精神，而这种精神亦是哲学社会科学研究中不可或缺的关键要素。

航天精神作为航天文化的内核，涵盖了团结协作、无私奉献、勇于创新等卓越品质。这些品质不仅是航天工作者必须具备的素养，也是哲学社会科学工作者应当努力追求和大力弘扬的价值理念。因此，深入研究航天精神对于提升哲学社会科学工作者的精神境界和道德水平具有重大而深远的意义。

航天美学的研究方法，诸如跨学科研究、实证研究等，为哲学社会科学的研究赋予了全新的手段。航天美学的研究方法高度重视实证研究与案例分析，在航天活动当中，每一处技术细节以及工程实践都必须历经严格的实验验证与数据分析。这样的实证研究方法完全可以应用于哲学社会科学的研究领域，借助对实际案例的深度剖析与实证研究，增强哲学社会科学研究的科学性与客观性。

航天美学的研究方法着重强调跨学科融合。航天活动涉及众多学科领域的知识与技术，需要不同学科之间的紧密合作以及协同创新。这种跨学科融合的研究方法同样为哲学社会科学的研究提供了崭新的思路。哲学社会科学工作者能够通过借鉴其他学科的理论与方法，拓宽自身的研究视野与思路，达成跨学科的创新与突破。

航天美学的研究方法注重人文关怀与审美体验。在航天活动里，人们不仅追求技术的卓越以及工程的完美，还追寻精神的升华与审美的享受。这种人文关怀与审美体验也为哲学社会科学的研究提供了新的价值追求方向,哲学社会科学工作者在研究过程中可以注重人文关怀与审美体验,提升研究的文化品位与价值内涵。

航天美学极大地丰富了哲学社会科学理论体系,航天美学的研究成果能够推动哲学社会科学理论的创新和发展。在航天活动中,人们既需要运用自然科学的理论和方法,又需要借助人文社会科学的理论和方法来指导实践。这些理论和方法在航天活动中的应用与验证,为哲学社会科学提供了新的理论支撑和实证依据。在航天活动中,人们不断面临新的问题和挑战,需要持续创新和突破。这种创新和突破的精神也为哲学社会科学理论的创新和发展提供了有益借鉴。哲学社会科学工作者可以借鉴航天活动的创新精神和实践经验,推动自身的理论创新和发展。

航天美学的研究成果拓宽了哲学社会科学的理论视野。航天活动作为人类探索宇宙的重要实践,所涉及的领域和问题极为广泛,哲学社会科学工作者通过研究航天活动的理论和实践,可以拓宽自己的理论视野和认知范围,深化对人类社会和自然界的认识与理解。

航天美学的研究内容与实践经验,为中国特色哲学社会科学的繁荣发展赋予了新的方向与动力。在推动科技创新与产业升级方面,能够借鉴航天技术的创新精神与实践经验;在推动文化创新和文化产业发展方面,可借鉴航天文化的创新理念与发展模式;在推动人类精神追求和审美体验方面,则可以借鉴航天精神的内涵与价值追求。

可以说,促进航天美学与中国特色哲学社会科学的融合,乃是推动人文精神实现飞跃的时代课题,需要大力加强学科交叉研究,通过组织跨学科的研究团队,开展跨学科的研究项目,促进不同学科之间的交流与合作,以实现知识、方法、理论的相互渗透与融合。加强科研合作与交流,是推动航天美学与中国特色哲学社会科学融合的重要途径。

跨学科复合人才的培养,是推动航天美学与中国特色哲学社会科学融合的又一关键路径。航天科研院所和高校均可作为主体,通过举办学术会议、开展合作项目、建立合作机制等方式,加强国内外科研机构和学者之间的交流与合作,共同推动航天美学与中国特色哲学社会科学的繁荣发展。在此基础上,航天科研和工程领域,应逐渐加强对航天美学相关人才的培养和引进,探索建立一支既具备航天专业知识,又拥有一定哲学社会科学素养的跨学科研究队伍。同时,要加强对人才的培训和教育,切实提高其跨学科研究能力和综合素质。

然而,在航天美学与哲学社会科学融合的进程中,会遭遇诸多问题与挑战:其一,主要体现在学科壁垒与认知差异方面,航天美学与中国特色哲学社会科学分属不同学科领域,不可避免地存在一定的学科壁垒和认知差异;其二,不同学科领域的资源配置以及利益关系协调对学科融合形成了一定制约;其三,针对跨学科研究人员的评价体系和激励机制尚不完善,从而影响了学科融合的进一步发展。

针对上述问题,从客观角度而言,需要从国家层面强化顶层设计与规划,明确航天美学与中国特色哲学社会科学融合的目标、任务、路径以及保障措施。同时,要加大政策引导和支持力度,为航天美学与中国特色哲学社会科学的融合提供强有力的政策保障,还需积极推进跨学科研究团队的建设,优化人力、物力、财力等资源配置,建立健全协调机制和利益分配机制,以协调不同学科领域之间的利益关系。可以通过设立跨学科研究项目、建立跨学科研究中心等方式,推动跨学科研究的深入开展,加强不同学科领域之间的交流与合作,确保资源得到合理利用和高效配置,促进资源的共享与合作。此外,要完善评价体系与激励机制,确保跨学科研究的科学性和有效性,构建多元化的评价体系,综合考量研究成果的质量、创新性和应用价值等因素,建立有效的激励机制,充分激发研究人员的积极性和创造性。伴随航天科技的持续发展以及航天美学的深入研究,相信航天美学必将为中国特色哲学社会科学的繁荣发展注入更为充沛的动力与活力。

第三节 航天逐梦助圆中国梦

中国梦，中华民族伟大复兴之梦，乃全体中华儿女的共同追求，亦是每一个中国人梦想的集合。其中，航天梦作为中国梦不可或缺的重要组成部分，意义重大。习近平总书记先后多次对我国航天事业发展做出重要论述和重要指示批示，为开启全面建设航天强国新征程指引方向。党的二十大报告也明确指出："坚持把发展经济的着力点放在实体经济上，推进新型工业化，加快建设制造强国、质量强国、航天强国、交通强国、网络强国、数字中国。"

中国梦的复兴蓝图，汇聚了中华民族的孜孜追求，始终激励着万千栋梁砥砺前行。在众多领域中，航天队伍无疑是追逐星辰大海、实现航天梦想的"国家先锋队"。中国航天事业自20世纪50年代诞生之初，便深深植根于国家利益的沃土，将国家至上视为不可动摇的信仰。一代代航天人自力更生、艰苦奋斗，秉承着"国家利益高于一切，以人为本为核心，质量至上赢信任，创新驱动谋发展"的核心理念，坚守着航天人特有的价值追求，经过半个多世纪的努力，建立了独立自主的航天科技工业体系。这份坚持与奉献，正是推动中国航天事业不断向前，为实现航天梦、助力中国梦提供着坚实而强大的支撑力量。

今天，航天梦已成为中国梦的坚强基石，将梦想变成脚踏实地的探索。钱学森、邓稼先、郭永怀、于敏等老一辈科学巨匠，勇担国家重任，将毕生心血倾注于"两弹一星"的伟大事业之中，铸就了不朽的功勋。他们不仅是在探索科学的未知边界，更是在践行"开创人类航天新纪元，铸就民族科技辉煌篇章"的崇高使命，是公认的民族脊梁，为后人树立了光辉榜样。邓小平同志曾说，没有"两弹一星"，中国就不能叫有重要影响的大国，这正是航天梦与中国梦之间关系的最好注脚。

如今，中国航天各类导弹武器系统，成为国家安全的屏障，返回式遥感、东方红通信广播、风云气象、地球资源、北斗导航等七大系列卫星，对经济建设和人民生活水平提高的贡献有目共睹。人造卫星、载人航天工程、探月工程三大里程碑的树立，使中国跻身航天大国之列，并向航天强国目标迈进。截止2024年10月，中国神舟飞船已经有24名航天员飞向太空，共计38人次，圆了中国人的飞天梦。正如习近平总书记所说："随着中国航天事业快速发展，中国人探索太空的脚步会迈得更大、更远。"中国航天追逐梦想的脚步不会止息，而是会越来越快。这个梦想不仅是航天梦，也是中国梦、世界梦。未来，航天梦将成为人类共同梦想的强大支撑，地球是人类的共同家园，宇宙空间是人类的共同资源。随着全球经济一体化时代的到来，"地球村""人类命运共同体"等概念已成为绝大多数国家和民族的共识。习近平总书记在中美元首会晤时所阐述的"中国梦与世界各国人民的美好梦想是相通的"，说的也正是这个道理。

在艰辛而又辉煌的奋进过程中，航天美学发挥着独特作用。航天员身处太空的每时每刻，都能深切地感受到人类与宇宙的紧密联系，舱内或舱外的科学实验和技术操作，既是一丝不苟、精益求精的科学追求，也是悉心感受浩渺宇宙美丽和谐的美学享受。这种对宇宙之美的感悟，不仅丰富了航天员的精神世界，也为后来的探索者提供了源源不断的动力和灵感。

随着中国航天事业的蓬勃发展，航天技术进步日新月异，从神舟飞船到长征运载火箭，再到天宫空间站，中国一步步朝着航天强国迈进。航天事业的发展不仅要依靠强大的科技力量，还需要在人文精神和艺术审美上有所突破。航天员在太空舱内进行的科学实验，艺术化的展现方式，让大众更直观地了解太空探索的成果，激发了人们对未来科技发展的想象力。同时，航天科技的应用成果，如卫星通信、北斗导航等，也可以通过艺术的形式将其价值和意义传递给大众，让人们更深入地理解科技进步对社会生活的影响。科技与艺术的融合，不仅能够提升航天事业的公众形象和社会影响力，更能够将航天精神融入日常生活中，为实现中国梦提供更加广泛的社会支持和文化共鸣。

航天美学作为连接科技和人文精神的桥梁，不仅关注航天技术本身的美感，更致力于将宇宙的浩瀚壮丽、对太空探索的崇高理想与中国传统文化的精髓相融合。中国传统文化博大精深，其中蕴含着对宇宙的理解、对人性的思考和对生命的哲思，中国古代诗词中的宇宙观、对自然山川的感悟，以及儒家思想中的和谐与统一，都可以与航天事业的发展相呼应，为航天精神注入更多人文关怀和东方智慧。航天美学创造性地将优秀传统文化元素与航天精神相结合，开辟出一条独特的东方航天文化脉络。这种文化融合，使中国航天事业更加具有独特的文化内涵和东方魅力，不仅能够满足大众对航天文化的渴望，更能够将中国传统文化与现代科技精神相结合，为实现中国梦注入更加深厚的人文底蕴和精神力量。

航天科技作为现代科技的尖端领域，承载着人类对未来未知的渴望和想象，当我们仰望夜空，看到那些璀璨的星辰，心中会不禁涌起对无垠宇宙的向往。航天科技是这种向往的结晶，它们让我们感受到探索宇宙的无限可能。航天美学不仅是科技与艺术的相加相乘，也是思想文化的碰撞融合，它需要探索精神和好奇心。在探索精神和好奇心的驱动下，航天人将宇宙的神秘与人类的创造力大胆交融，催生出了新兴的航天美学。如今,随着人们对美好生活的追求不断提高,对航天的审美需求也在变化升级,这无疑对航天美学的创新和发展提出了更高要求。

众所周知,航天美学不仅是观赏宇宙之美的艺术形式,更是一个深刻思考科技与艺术关系的学科,它通过艺术手段将复杂的科技数据和技术原理转化为易于理解和感悟的视觉语言,使得科技更具人性的情感和美感,也使艺术更具科技感和未来感。因此,提高对航天美学的认识水平,大胆想象,敢于创新和突破,通过科技与艺术的深度融合,不断丰富和发展航天美学的理论体系,包括从哲学、美学、艺术等多个层面,系统地阐述航天美学的内涵、特点、创作方法等,可以为航天美学的创作实践提供理论指导。传播和发展航天美学需要培养公众的航天意识,加大航天美学的传播力度,通过各种渠道和方式,如通过教育、媒体报道,举办各种展览,举办航天科研院所开放日,向公众普及航天知识,激发他们对宇宙的好奇心。公众只有对航天知识有了足够的了解和认识,才能更好地理解和欣赏航天美学。

航天活动中所体现出的美学价值,成就了中国航天在当前科技领域中的地位。在全社会的广泛关注下,中国航天不仅成为科技迷心目中的骄傲,也逐渐成为文化迷和艺术迷的关注对象,甚至成为时尚流行的代名词。人们不仅会讨论中国航天都能干什么,也开始讨论我们的航天产品有设计感、艺术味、中国范儿。这个代表一国最高技术水平的行业,正被赋予越来越多、越来越浓的美学色彩和文化意义。从某种程度上讲,中国航天的发展就是中国崛起并逐步走向民族复兴的缩影,它理应成为所有中国人,特别是青年人的骄傲,也必然会激励更多的有志青年投身于航天事业。当代青年正处于社会转型的关键时期,也是自身价值观念形成的关键阶段,航天美学的价值在于能够增强学生的民族自豪感,提高青年人的人文素养,使他们更好地了解优秀的航天文化，把自觉践行社会主义核心价值观内化为内在需求，使青年一代从实现"发展航天事业、建设航天强国"的航天梦中获得积极意义，提高青年人才的质量，为社会培养一批能力较强、综合素质较高的人才。

第四节 共筑人类命运共同体

党的二十大报告指出，中国始终坚持维护世界和平、促进共同发展的外交政策宗旨，致力于推动构建人类命运共同体。在全球治理体系有待完善、多元世界格局持续发展的当下，人类命运共同体理念为那些既希望加快发展又渴望保持自身独立性的国家提供了中国方案，创造了有利于世界文明蓬勃发展的土壤。

人类命运共同体的提出，是基于当今世界面临的诸多挑战和问题。从历史发展逻辑来看，今天的世界，经济全球化、世界多极化、文化多样化深入发展并深刻变化，人类面临着气候变化、环境污染、资源短缺、恐怖主义、疾病传播等全球性问题。这些问题的解决需要各国的共同努力，需要构建一个更加公平、合理、可持续的国际秩序。人类命运共同体意味着各国之间要相互尊重、平等相待、合作共赢，因此，各国要摒弃冷战思维和零和博弈的观念，树立人类命运共同体意识，共同应对全球性挑战。

在经济领域，在人类命运共同体理念的引领下，各国如同一个大家庭中的成员，能够平等地享受发展的机会、应有的权利以及公正的规则。各国以更加开放和包容的姿态积极开展合作，在合作中实现平等互助、互利共赢。这种合作模式有助于推动全球经济的可持续发展，为世界经济注入源源不断的活力。当世界从"二元分立"的对抗格局转变为"三元互通"的互联互通时,资源将得到更高效地配置,创新将得到更广泛地激发。这对于构建人类命运共同体具有极为深刻的现实意义,它将促进各国共同繁荣,增进各国人民福祉,为人类的未来创造更加美好的前景。

在政治领域,各国必须高度重视并切实加强对话与协商。在人类命运共同体理念看来,我们生活在同一个地球村,各国的命运紧密相连。在复杂多变的国际形势下,维护世界和平与稳定乃是全人类的共同使命,各国应积极开展平等、真诚的对话,通过外交途径、国际组织等平台,充分交流彼此的政治主张和利益关切,共同协商解决全球性挑战和地区冲突。只有齐心协力,不断加强对话与协商,各国才能在政治领域形成合作共赢的良好局面,为世界和平与稳定筑牢坚实根基,共同推动人类命运共同体朝着更加美好的方向发展,让全人类共享和平、稳定、繁荣的未来。

在文化领域,各国理应不断加强交流与互鉴,不同国家拥有独特而丰富的文化,通过交流,能让各国人民领略到多元文化的魅力,在互鉴中,汲取彼此文化的精华,促进自身文化的发展与创新。促进不同文化之间的融合与发展,有助于打破文化隔阂,增进各国人民之间的理解与友谊。人类命运共同体理念与"和而不同""休戚与共"等中华优秀传统文化一脉相承,它倡导各国在尊重差异的基础上,共同追求和平与发展,为构建新型国际关系提供了坚实支撑,让各国以平等、合作的姿态相处。同时,也为营造积极的国际新环境搭建了平台,使世界在文化的交流融合中变得更加和谐、美好,共同书写人类文明的精彩篇章。

在科技领域,包容和融合的趋势日益显著,人工智能、物联网、5G和大数据等前沿技术迅猛发展,使国际合作与竞争关系产生了深刻变革。在这一进程中,航天技术格外引人注目,它不仅是人类科技进步的鲜明象征,还以其独特的魅力成为推动全球合作、促进人类共同发展的关键力量。伴随着航天技术的飞速进步,航天美学应运而生。作为科技与艺术完美融合的产物,航天美学正逐步发挥着重要作用,它如同一座坚实的桥梁,连接着不同的国家和民族。在构建人类命运共同体的伟大征程中,航天美学以其独特的魅力促进各国之间的交流与合作,为人类的共同未来贡献着力量。

航天美学作为一种跨文化的艺术形式,能够促进不同国家和民族之间的文化交流与融合。航天技术是全球性的事业,各国在航天领域的合作与交流不断加深,航天美学通过艺术作品的展示和交流,让不同国家和民族的人们更好地了解彼此的文化和价值观,增进相互之间的理解和友谊。比如,国际航天展览和交流活动可以展示各国航天技术的最新成果和航天美学的独特魅力,吸引来自不同国家和地区的观众。在这些活动中,人们可以欣赏到不同国家艺术家的作品,了解不同国家的航天文化和历史。这种文化交流与融合有助于打破文化隔阂,促进人类命运共同体的构建。

航天领域的国际合作是构建人类命运共同体的重要体现。航天技术的发展需要巨大的资金和技术投入,因此,各国之间需要加强合作,共同推动航天技术的发展,而航天美学则可以为这种国际合作提供新的动力和平台。在航天领域的国际合作项目中,如太空垃圾清理、近地小行星撞击风险预警等,航天美学的合作精神和共赢理念可以对其发挥重要作用。艺术家们可以通过创作相关的艺术作品,宣传国际合作的重要性和意义,提高公众对国际合作的认识和支持。同时,航天美学的交流与合作也可以增强各国之间的信任和友谊,为构建人类命运共同体奠定坚实的基础。

航天美学可以提升人类对宇宙的共同认知。宇宙是人类共同的家园,人类对宇宙的探索和认知是全人类的共同事业。航天美学通过艺术的表现形式，让人们更加深入地了解宇宙的奥秘，增强人类对宇宙的敬畏和保护意识。同时，航天美学也可以传递人类共同的价值观，如和平、合作、创新、可持续发展等。这些价值观是构建人类命运共同体的重要基础，航天美学的传播和推广可以让更多人认识到这些价值观的重要性，从而共同为实现人类命运共同体的目标而努力。

不可否认，航天美学作为一个新兴学科，目前还处于成长初期，其内涵的丰富、理论体系的构建及完善、对科学研究以及人类进步的积极意义，特别是对构建人类命运共同体的积极意义的体现还需要很长时间。因此，采取措施推动航天美学的发展，共筑人类命运共同体建设，是非常必要的。

航天美学的发展与构建人类命运共同体密切相关。航天美学作为科技与艺术的融合，能够促进文化交流与融合，增强国际合作与信任，提升人类的共同认知与价值观。在当今时代，我们应该充分认识到航天美学的重要价值，加强航天美学教育与科普，鼓励航天美学创新与创作，促进航天美学的国际交流与合作，推动航天美学的发展，为构建人类命运共同体贡献力量。

中编

各美其美:中国航天美学的和谐旋律

第三章　隽永含情的文化之美

中国航天事业的发展，是科技进步的象征，更是中华民族悠久传统文化与现代科技的完美融合。中国飞天梦的起源可以追溯到我国古代神话传说、历代文学作品以及儒家、道家思想等多个文化领域。飞天梦蕴含着古人对自由的渴望、对神秘太空的幻想、对超凡脱俗境界的无限向往，成为古代文化中的重要元素，深刻地启发和引领了后世的科学探索、文化传承和文学创作。历经千年文明的深厚积淀，中国航天人秉承着中华民族对天地宇宙的探索精神和对文化传承的尊重，将隽永含情的文化之美融入对航天科技的不断创新突破与探索追求中。在美学层面，中国航天事业的发展体现了一种对和谐、平衡与创新的追求，它不仅展示了技术的精密与力量，也展现了中华文化的深远与细腻，是一种对传统智慧的传承和发扬。无论是在技术层面还是文化层面，中国航天都展示了国家的创新能力与文化自信，是一种对传统美学的现代诠释和艺术表达。

第一节　文学作品中的巡天情

　　在浩瀚的宇宙中，人类对于星辰的向往与探索从未停歇，而文学作品中表现出的巡天情则是人们对宇宙奥秘的深情凝视、对无限星空的绮丽遐想。在文学的海洋中，巡天梦载着我们穿越时空的隧道，去追寻闪烁在夜空中的诗与远方。在诸多优秀的文学作品中，巡天情照亮了我们对未知世界的渴望与追求，引领我们去探索、去超越现实的边界，去体验超乎想象的可能。

《山海经》是一部古代神话地理文献，记载了大量关于山川、异兽以及神仙的传说。其中神仙通常指的是具有超凡能力、长生不老的神秘人物，他们拥有呼风唤雨、变化无穷的超能力。书中有这样的描绘："羽人之资，志在凌云，气贯长虹。"羽人在中国古代文化中，通常是指身生羽翼、能够飞翔的仙人或神人。《山海经》通过对各种奇异神兽和仙人的描绘，展现出古人对于翱翔天际的奇想和渴望，对于追求长生不老、飞天入仙的向往。

《淮南子》中记载了嫦娥奔月的传说。而关于嫦娥奔月之缘由则有两种不同的说法：一种说法是嫦娥主动偷吃了"不死之药"而奔月；另一种说法则是嫦娥被迫吃了"不死之药"而奔月。不论哪一种说法，都表明嫦娥奔月是服用了王母娘娘的长生不老神药，致身体骤然变轻，从而升入太空直奔月球。我们不妨将这个传说与现代航天技术相比较，可以有趣地发现两者之间象征性的关联——现代航天技术通过火箭发动机产生推力，从而克服地心引力，将航天器送入太空，直达月球。在这个有趣的对比中，火箭推进器与嫦娥服用的"不死之药"竟有着相似的神奇功效。

《列仙传》中记载：王子乔，又称王乔、王子晋，是周灵王的太子，精通音律，擅长各种乐器，因不满周灵王的昏庸无道弃位而去，后在远游期间偶遇天台山道士浮丘生，遂被接引上嵩山，得授大道之要，修炼石精金光藏景录神之法，自此修炼达20年，终于在猴氏山顶峰，乘白鹤飞升成仙。王子乔借助白鹤实现了升空飞行，而现代载人飞行工具如航天飞船则通过精密的工程设计，助力航天员邀游太空。王子乔的形象在后世文学中被广泛使用，成为得道成仙的代表人物。可见古人对仙人这一形象的塑造和对道德的追求是相辅相成的，仙人不仅是超凡脱俗的象征，更是高尚品德的代表。在现代航天事业中，航天员是人类理想化形象中智慧和体能的杰出代表，航天员的选拔和训练是一个严格而复杂的过程，其中涉及身体素质、知识技能、心理承受能力等多方面的考核。通过层层筛选脱颖而出的航天员与我们心目中的超人无异，与古神话作品中超脱常人、具有超凡能力的仙人这一形象极其相似。而航天员在执行任务时所展示的专业精神、无私奉献和团队合作的品质，使他们成为我们现代社会推崇的道德典范，这与品行高洁的仙人也存在着精神层面的高度一致性。

《墨子》中记载："公输子削竹木以为鹊，成而飞之，三日不下。"意思是公输子刻削竹木做了一个喜鹊，做成后让它飞翔，它竟然三天不落。这喜鹊的形象正类似航天领域的飞行器，两者都是人类智慧和技艺的结晶，有异曲同工之妙，也共同承载着人们对飞行和太空的向往。公输子的喜鹊制作展示了古代工匠高超的技艺和创造力，航天飞行器则展示了现代人在航天科技领域的创新和突破。

战国时期的《楚辞》中也有许多关于飞天的描写。屈原以"乘云气，御飞龙"描述了一种超凡脱俗的飞行体验，他想象自己能够驾驭风云，遨游于天地之间，无拘无束，自由自在。在《九歌·东皇太一》中，屈原写道："驾龙辀兮乘雷，载云旗兮委蛇。"他以龙车雷驾，云旗委蛇，形象地表现了飞天的壮观景象。《楚辞》中的飞天描写，往往与神灵、仙人相伴，如"仙人抚我顶，结发受长生"（《九歌·少司命》），这里对仙人的想象，既是对超凡能力的向往，又是对长生不老的渴望，也是对生命极限的超越。《楚辞》中"飞天"不仅仅是一种物理上的飞翔，更是一种精神上的升华，流露出对自由和超凡境界的向往，是对人生更高境界的一种追求和探索，这与现代航天人对宇宙无限探索的愿望不谋而合。

巡天情不仅表现在古神话创作中，在古代诗词里也有丰富的体现。

古人将天文现象与人文情感相结合，创作出了许多流传千古的佳作。这些佳作既是对古代天文观测活动的记录和表达，也是对宇宙之美的赞美和思考。这种对天文知识的表达方式，具有深刻的科学意义。通过解读古代诗词中的巡天情，我们可以了解到古代人们对天文观测的重视，他们对自然界规律的认识以及对宇宙的向往和思考。古代诗词中的巡天情，通过描绘星辰、行星、日月等天体的景象，歌颂自然力量，并融入对宇宙与人生关系的思考，展现了人们对宇宙的向往和敬畏。

这些描写巡天的古诗词中，有秦观的《鹊桥仙·纤云弄巧》，其中"纤云弄巧，飞星传恨，银汉迢迢暗度。金风玉露一相逢，便胜却人间无数"，通过牛郎织女一年一度相会的动人场景，表达了对真挚爱情的向往和赞美。纤云、飞星、银河等意象，表现出牛郎织女跨越银河、克服重重困难终于相会的动人画面，展现了牛郎织女相会的珍贵和美好，远胜于人间无数平凡庸俗的爱情。词中蕴含着深刻的人生哲理，即真挚的爱情不在于朝夕相伴，而在于双方感情的真挚和深厚。

古诗词中不仅有古人巡天情的表达，还涉及对巡天仪器的描述。如宋代方回的《用夹谷子括吴山晚眺韵十首》中可以看到天文的元素，"极目无穷六合宽，仰天如以浑仪观"这句诗提到了古代著名的天文仪器——浑仪。浑仪能够用来观测星体的位置和运行情况，展现了古代科技在天文观测领域的发展。

通过欣赏和解读古代诗词中的巡天情，我们可以更好地理解天文知识，并体会到人们对宇宙的永恒追求，而这样的情怀同时也体现在我国古典文学名著中，最具代表性的作品就是《西游记》。《西游记》中孙悟空一个筋斗云能够翻十万八千里，这种能力在文学中被赋予了飞天的意象，是飞天形象中的典型。他的形象突破了传统飞天的柔美，展现了力量与智慧的结合。《聊斋志异》是清代蒲松龄所著的一部短篇小说集,其中也不乏飞天的形象。如作品《聂小倩》中的人物聂小倩,她既是一个美丽的女鬼,又是古代飞天形象的代表,她能够自由地在人间和阴间穿梭,展现了一种超脱生死的飞天能力。在《封神演义》这部神话小说中,更是包含了大量的神仙和飞天形象,如三太子哪吒,他能够脚踏风火轮,手持火尖枪,在空中自由飞行,展现了一种英勇无畏的飞天形象。

纵观浩瀚的文学海洋,我们会发现飞天情怀不仅展现在古典文学的创作中,在现代文学作品里也有所体现,如在金庸笔下,许多高手都能够借助轻功在天空中自由飞翔,其中最经典的莫过于《神雕侠侣》中的杨过和小龙女,他们的轻功和爱情赋予了飞天新的意义。在当代文学作品中,众多作家更是多方面、多角度地展现了人类对太空探索的热爱和追求,这些作品记录了中国航天事业的发展历程,激发了人们对宇宙探索的兴趣和想象。如长篇儿童小说《银骆驼》,通过汉族男孩浩博和蒙古族老牧民拉克申的故事,回顾了中国第一个航天发射场的成立、第一颗人造卫星发射的成功等重大历史事件,从而弘扬了航天精神。文学作品《仰望星空》是一部记录中国航天事业波澜壮阔发展历程的报告文学,通过讲述中国运载火箭技术研究院的历史和第一代航天人的奋斗,展现了中国航天人的集体精神和爱国主义情怀。《天地九重》讲述了航天员杨利伟的故事,记录了中国成为世界上第三个独立掌握载人航天技术的国家的历程,展现了中华民族的飞天梦想和成就。

在纪实文学方面,崔吉俊的《天路飞舟》全景叙写了中国载人航天神舟一号至神舟十号发射的全过程,为读者展现了中国载人航天工程二十余年的高速发展历程。作者凭借珍贵的第一手资料,以前所未有的广度和深度,形象地诠释了"特别能吃苦、特别能战斗、特别能攻关、特别能奉献"的中国载人航天精神。通过这部作品，我们既可以清晰地看到神舟飞船一次次飞向太空的历程，也可以深入地了解其中的艰辛和不易。还有《大漠神箭飞天记》等，不仅为读者提供了丰富的航天科普知识，还通过讲述航天人的故事，传递了崇尚科学、逐梦航天的精神。这些作品在孩子们心中埋下了崇尚科学、逐梦航天的种子，为培养未来的航天人才奠定了坚实的基础。

飞天在文学作品中的形象多种多样，他们不仅仅是一种超自然能力，更是一种精神的象征，反映了人们对于自由、美好和超脱的追求。无论是古代的神话传说，还是现代的文学创作，飞天都是一个永恒的主题，激发人们的想象力和创造力。从古至今，人们通过一系列优美的文学创作，展现了诸多栩栩如生的飞天形象，不仅把飞天梦植入人心，更把文化美和航天梦完美结合。

第二节　飞天梦想的科学探索

中华民族是勇于追梦的民族，从古至今，中国人民对于飞行的探索和向往始终如一。在古代科学技术不发达的情况下，我们的祖先不仅将头顶的那片天空寄情于想象，也在劳动实践中进行了探索，取得了丰富的技术成果。

飞天的概念起源于古人对天空的向往和对飞行能力的想象，在古代，天空被认为是神灵居住的地方，能够飞行则象征着超脱尘世，接近神性，这种飞天梦在中国古代文化中深深扎根，不仅体现在神话传说、绘画艺术中，更体现在科技发展和实践探索中。

飞天的形象通常与自由、超脱、美好等概念联系在一起，中国千年来一直有对飞天梦的追求和探索，在早期的神话传说和古典诗词中，展现了许多具有飞天能力的神灵和仙人的形象。这些神灵和仙人往往被描绘为拥有翅膀或其他飞行工具的形象，如凤凰、麒麟等，它们象征着高贵、神圣和超越尘世，给人们带来了美好的想象和向往。女娲补天中的女娲、秦穆公的女儿弄玉等，可以说都是神话传说中的古代中国"女航天员"。

而具体的飞行探索则可以追溯到古代风筝的制作。中国被认为是风筝的发源地，早在春秋战国时期，就已经有了风筝的制作和飞行尝试，其具体起源和使用情况在历史文献中记载不多，但可以推测它可能与军事、通信或宗教仪式有关。据传，最早的风筝是由墨子发明的，主要用于军事侦察或作为信号传递的工具，后来又陆续出现了竹蜻蜓、孔明灯等，可以被视为简易飞行器的雏形。

中国还是火箭技术的发源地，早在宋朝，中国就已经有关于火箭的记载，这些早期的火箭主要用于军事和节日庆典。在明朝，火箭技术得到了进一步的发展，尤其是在军事上得到广泛的应用。在历史传说中，万户是一位对飞天充满热情的科学家和发明家，他尝试利用火箭来实现人类的飞行梦想，这被认为是人类历史上最早期的航天尝试。他制作了47个火箭，并与自己一起绑在椅子上，然后手持风筝，希望通过火箭的推力和风筝的升力来实现飞行。不幸的是，这次尝试以失败告终，万户因此牺牲。为了纪念他，国际天文学联合会把月球表面东方海附近的一个撞击坑命名为"万户撞击坑"。

万户飞天的故事，体现了人类对飞行的渴望和对未知领域的探索精神，他被视为中国航天事业的先驱之一，他的飞行尝试是世界上公认的第一次的太空探索。他的飞行实践在整个人类向未知世界探索的进程中起到了重要的作用，因此他被奉为世界英雄。

古代中国在火箭等领域的发明和应用，为后来飞行器的发展奠定了基础。我国智慧的古代人民在明朝发明了二级火箭，这是人类火箭技术方面的重大突破，也是现代火箭的鼻祖。南宋文学家兼科学家宋应星在《天工开物》中详细描述了火箭的制作方法，并提出可以将其应用于飞行的目标，这一科技进步为古代中国飞天形象的创造和发展提供了基础。

我国古人不仅有发明创造飞行器的实践，同时对天文观测的热爱，在中国航天文明的形成中，也产生了重要影响。我们的祖先以农耕为生，因此对天文现象的观察和认知十分深刻，他们通过观察天象来预测季节的变化和农作物的收成，这种对天文观测的热情，激发了中国古代人民探索太空的愿望和思考。在春秋战国时期，中国就有了《甘石星经》等重要的观星成就，这为后来中国航天事业的发展奠定了基础。张衡等科学家在物理力学和天文学方面的研究成果，也为后来火箭技术的诞生提供了理论基础。

由此可见，古代的巡天观测这类活动不仅服务于农事需求，也是人类认识宇宙的一项重要方法。通过长期观测日月星辰等天体的位置、运动和变化规律，古代观测者积累了丰富的天文数据，这些数据有助于我们理解宇宙的结构、演化和运动规律，揭示了许多重要的天文现象和现象背后的科学原理。

古代文化中的飞天形象是多种因素相互交织的结果，受神话传说、文学艺术、哲学思想以及科技进步等方面的影响，飞天形象成为古代文化中重要的符号之一。飞天形象蕴含了人们对自由、超越和高贵的向往，是古代文化中美好、神秘和迷人的一部分。明代绘画中经常出现飞天形象，如唐寅的《游春图》中有飞天使者驭鹰飞翔的形象。这些作品不仅表达了人们对于自由、超越的追求和想象，也激发了人们飞升太空的幻想和热情。

嫦娥奔月是中国传统文化中一个著名的神话故事，讲述了嫦娥偷食长生不老药后，飞升到月宫成为月神的故事。这个故事不仅富有浪漫主义色彩，也体现了古代中国人对月亮的崇拜和向往。在现代，随着科技的发展，人类已经能够通过航天器实现对月球的探测，将嫦娥的传说与现代航天技术相结合，形成了一种独特的文化现象。嫦娥传说与现代月球探测之间存在着紧密的联系，它为现代月球探测提供了丰富的文化背景和想象空间。在嫦娥奔月的神话中，月亮是一个神秘而美丽的地方，充满了各种神奇的生物和景象。这种想象激发了人们对月球的好奇心和探索欲，推动了月球探测技术的发展，因此现代月球探测器为嫦娥奔月的神话提供了新的解读和演绎。随着探测器对月球的深入探测，人们对月球的认识越来越深入，对嫦娥传说的理解也越来越丰富。例如，中国的月球探测器被命名为"嫦娥"，这也是对嫦娥神话的一种现代演绎。

在当今科技高度发达的时代，我们已经能够实现飞行的梦想，中国航天事业的发展让人类迈向更远的太空。美学在这里体现为对无限宇宙的敬畏，对科学探索精神的尊重，以及对自然规律之美的领悟和表达。东方红一号是中国第一颗人造地球卫星，于1970年4月24日成功发射，标志着中国成为世界上第五个能够独立研制并发射卫星的国家。卫星的主要任务是进行技术试验和科学实验，探测电离层和大气层的密度。卫星上搭载了《东方红》这首乐曲，当卫星飞越中国上空时，地面接收站就可以接收到这段音乐。这响彻宇宙的美妙旋律，使得科技美和艺术美得到淋漓尽致的体现。东方红一号的成功发射是中国航天史上的重要里程碑，为后续的航天探索奠定了坚实基础。

2003年10月15日，神舟五号载人飞船成功发射，这是中国第一次载人飞行任务，也是中国航天史上具有里程碑意义的一次事件，杨利伟成为中国首位航天员,实现了中华民族千年的飞天梦想。这次任务的成功完成,标志着中国成为世界上第三个能够实现载人航天的国家,也是亚洲第一个完成载人航天的国家。神舟五号的成功发射和返回,让全世界都瞩目中国航天事业,并向世界传递了中国科技实力和探索太空的决心。此后,中国陆续发射了多艘神舟系列飞船,完成了多次载人航天任务,在科技探索中不断实现人类飞向太空的梦想。

天宫空间站是融合了科技、自然、探索、勇气而铸就的独特高科技、高美感的太空建筑。在这个神奇的太空家园中,人类进行着对太空奥秘的探索和认知极限的挑战,展现了探索之美。航天员出舱活动的艰险和挑战,展现了航天人的勇敢与团结。在星辰大海的征途上,天宫空间站将作为中国乃至人类探索宇宙的重要基地,继续书写着属于我们的太空传奇和浪漫征程。

第三节 飞天形象的哲学意蕴

飞天形象不仅出现在中国古代文学作品中,还深刻蕴含在中国古典哲学思想中,如儒家的"天人合一"和道家的"逍遥游"思想。儒家思想作为中国传统文化的重要组成部分,其核心理念之一是"天人合一",飞天被视为这一理念在个人修养和道德实践中的一种体现。儒家认为,人和天之间有一种内在的联系,人的行为和思想应当与天的意志相一致,从而达到和谐统一的境界。这种思想贯穿于儒家的伦理道德、政治哲学以及宇宙观等多个方面。

儒家的"天"具有多重含义。在儒家看来，天既是自然界的天，也是道德法则的天，更是命运和天命的天。儒家强调"天命不可违"，认为人应当顺应天命、遵循天道，并将飞天理解为一种理想的人格境界，即人通过修身、齐家、治国、平天下，最终达到与天相合的境界。

在儒家看来，飞天象征着道德修养的极致。儒家认为，个人应当通过学习和实践来提升自己的道德水平，从而达到与天相合的高度，这一过程需要个人不断地自我反省、自我完善，以达到内心的平和与外在的和谐。

儒家的天人合一思想还体现在对宇宙观的理解上。儒家认为，人是宇宙的一部分，人的行为和思想应与宇宙的自然规律相协调，这种协调不仅体现在个人的道德修养上，也体现在对自然界的尊重和保护上。儒家倡导"天人合一"的生活方式，强调人与自然和谐共生，反对过度开发和破坏自然环境。

儒家对飞天思想的理解还体现在文化传承上。儒家强调对古代圣贤的学习和模仿，通过文化传承来实现"天人合一"。儒家学派认为，古代圣贤的道德与智慧是人类文明的宝贵财富，通过学习圣贤的言行，人们可以不断提升自己的道德修养，达到与天相合的境界，从而实现"飞天"梦想。

在儒家看来，实现"天人合一"的境界是一个长期而艰巨的过程，需要个人不断地学习、实践和自我完善。这一过程不仅涉及个人的道德修养，还涉及对自然界的尊重，以及对文化传统的继承。通过这一过程，人们可以达到与天相合的境界，实现个人与社会、自然与宇宙的和谐统一。

飞天思想与儒家的"天人合一"思想是一种深刻的哲学理念，它要求人们在道德修养、政治参与、文化传承等多个方面与天相合，实现个人与宇宙的和谐统一。这一思想是儒家文化中的重要组成部分，对于指导人们如何生活、如何看待自然、如何参与社会具有重要的现实意义。

道家思想作为中国古代哲学的重要组成部分，其影响深远，不仅渗透于人们的日常生活中，更在艺术、文学、宗教等多个领域留下了深刻的印记。道家思想强调通过修炼和悟道实现人与自然的和谐，并达到超越尘世的境界。飞天形象在道家思想中象征着超脱红尘、追求自由和达到最高精神境界的目标，道家强调通过内功修炼来达到超越尘世的状态，这也使得飞天形象成为古代文化中重要的表达方式。

道家思想的核心是"道"，"道"是一种无形无象、无所不包、无所不容的宇宙本源。道家认为，人应该顺应自然，与道合一，达到"无为而治"的境界。这种思想在飞天的追求中得到了体现，飞天的形象往往与仙人联系在一起，他们能够自由地飞翔于天地之间，不受世俗的束缚，这正是道家追求的自然和谐与精神自由的体现。

道家倡导"内规"，即通过内省来认识世界和自我，飞天的追求也是一种内观的过程，通过内心的修炼和对道的领悟，达到心灵的升华和身体的轻盈，最终实现飞翔的梦想。这种追求不仅是对物质世界的超越，更是对精神世界的探索和提升。

道家思想中的"长生不老"与飞天的追求也有着密切的联系。在道家看来，通过修炼可以达到长生不老的境界，飞天的形象往往与仙人联系在一起，他们不仅能够飞翔，更拥有长生不老的能力，这种追求反映了人们对生命永恒、人生无界的向往。

在艺术表现上，道家思想对飞天的追求也有着深刻的影响。无论是绘画、雕塑还是文学作品，有关飞天的想象往往与道家思想中自然、和谐、超脱等元素相结合，展示出一种超凡脱俗、飘逸自如的美感。

这种美感不仅体现了道家思想的内涵，也激发了人们对美好生活的向往和追求。道家主张通过修炼和悟道，达到与天地之间的和谐，从而实现永生和飞升成仙的目标。道家强调通过内功修炼来达到超越尘世的境界，实现自由自在的飞天状态。飞天成仙成了许多修道者的终极梦想。

飞天也是佛教艺术中常见的形象，通常被描绘为在空中自由飞翔的形象，象征着追求心灵解脱和超脱世俗的境界。飞天常常与天界或净土联系在一起，代表着佛教徒向往的极乐世界，是信仰者心中理想的归宿。对飞天的想象体现了佛教神通广大的概念，即通过修行可以达到超越常人的能力，达到超验的状态，感受到自我与自然的连接，从而引发对生命、存在和自然的顿悟。飞天的轻盈和飘逸，反映了佛教中无常的教义，世界万物都在不断变化之中，没有永恒不变的实体，一切现象都是因缘和合的结果。飞天在佛教艺术中的平衡与和谐，象征着佛教中的哲学思想。

飞天形象在不同地区和时期有所变化，反映了佛教与其他文化之间的交流和融合。飞天在佛教中的象征意义是多层次、多维度的，它不仅是宗教信仰的体现，也是哲学思想、艺术追求、社会文化和心理需求的反映。飞天形象象征着人们内心深处对自由的渴望，反映了人们对于精神自由的追求，因而常被视为梦想和希望的象征，激励人们追求更高的精神境界。通过对飞天形象的深入理解和欣赏，可以更好地领会佛教文化的丰富内涵。

正是在这些古代哲学思想的激发和影响下，人们开始思考人生、探索宇宙。当代航天人对太空的探索引发了人类对生命、宇宙和存在意义等哲学问题的进一步深刻思考，促使人类从更广阔的视角审视人类文明和自然界的关系。航天探索让我们对宇宙的无限性有了更加直观的认识。当我们通过望远镜观察遥远的星系，或者通过航天器探索其他星球时，我们不禁思考：宇宙究竟有多大？它的边界在哪里？这些问题挑战了我们对空间和时间的传统理解：时间并不是一成不变的，空间也不再是绝对的，物质和能量是可以相互转化的，宇宙不再是一个机械的、不确定性的系统，而是一个由概率和不确定性原理统治的复杂系统。

　　航天探索促使我们重新思考时间和空间的本质，以及宇宙的起源和最终命运。在宇宙的广阔背景下，人类显得非常渺小，人类文明在宇宙时间尺度上只是一瞬间，这促使我们反思人类在宇宙中的地位，以及我们对生命、文明和价值的理解。同时，随着我们对外太空的探索越来越深入，我们不断寻找外星生命的存在，这不仅激发了我们对生命本质的探索，也促使我们重新思考生命的定义和起源。我们是否应该对外星生命或环境进行干预？这涉及对生命、环境和道德的深刻思考。我们所进行的宇宙探索活动是否会对地外天体构成潜在污染？我们对其他潜在地外生命形式是否需要承担责任？研究这些问题，有助于我们更好地理解宇宙，也有助于我们更好地理解生命的意义。而且这些疑问也引发了关于科技、经济、法律、环境、生态、伦理等一系列人类社会问题的探求，这又上升到了新一轮的哲学思考。这不仅是关乎全人类，而且是关乎全宇宙的更广泛、更深层意义的哲思。这也让飞行象征的哲学意蕴有了更广袤的思考空间。

第四节　航天命名的浪漫诗意

　　中国航天器的命名，蕴含着深厚的文化内涵与民族精神。中华民族自古以来便对宇宙充满了好奇与向往，从神话传说"盘古开天辟地"

"女娲补天""嫦娥奔月""牛郎织女"中可见一斑。这些神话故事在历史的长河中不断被传颂,成为脍炙人口、家喻户晓、代代相传的经典,也成为民族文化的重要载体,对后世的价值观念产生了深远的影响。航天器的命名,不仅是对航天科技卓越成就的肯定,更是对传统文化的传承与创新,每一个名字背后,都是中国传统文化与现代科技的完美融合,承载着中华民族的智慧与梦想,寄托着我们对未知世界的探索精神和对美好生活的愿景。

航天器名字的选取,往往与中国的神话传说、历史人物、自然景观等紧密相关,展现出中华文化的独特魅力和中国历史的深厚底蕴。在我国运载火箭设计之初,第一代中国航天人受毛泽东同志《七律·长征》的启发,提出了"长征"这个名字,他们希望,我国火箭事业能够像红军长征一样,克服一切艰难险阻,最终到达胜利的彼岸。从此,"长征"成为中国系列运载火箭的标志性名称,一代代航天人前赴后继,踏上了献身祖国航天事业的"长征"之路。

载人航天系列飞船的名字"神舟",是"神州"的谐音,出自司马迁《史记》:"中国名曰赤县神州。""神舟"代表着神州大地,寓意着中华民族的航天梦想,承载着中华民族对于太空探索的雄心壮志。"神舟"飞船的名字也从毛泽东同志的诗词"春风杨柳万千条,六亿神州尽舜尧"中得到灵感。在"神舟"之前,中国还曾有过"曙光"载人飞船计划。"曙光"一词出自"飒爽英姿五尺枪,曙光初照演兵场,中华儿女多奇志,不爱红装爱武装"。虽然这一计划最终由于经济、技术条件的限制而被迫取消,但它的研究成果为后续的航天计划奠定了基础。

从夸父逐日,到两小儿辩日;从法力无边的天神,到牙牙学语的孩童。从古至今,从幼及老,中国人对太阳的好奇和探索从未停止。羲和是中国古代神话传说中的太阳女神,她掌管时历,掌控着日月更替。"效法羲和驭天马，志在长空牧群星"，我国首颗太阳探测卫星"羲和号"就取名于此，寄托了当代中国人对逐日探日的雄心壮志和坚定决心。

中国"天宫"是运行在距地面近400千米轨道上的中国大型载人常驻空间站，完整的名称为"天宫空间站"。这个命名是经过公众的投稿，同时结合科研人员与专家的意见，由中国载人航天办公室于2013年10月底正式对外宣布，并同时宣布了货运飞船命名为"天舟"，核心舱段命名为"天和"，实验舱Ⅰ、Ⅱ分别命名为"问天"和"梦天"。这些命名从中华五千年历史长河中来，都是现代科技对古代梦想与传说的遥遥回应，让浪漫的神话传说有了科学的载体，体现了中国文化的深厚底蕴和对未来的无限憧憬，也构成了独特的中国式浪漫美学。

空间站的名字"天宫"来源于中国古代神话传说中天帝居住的宫殿。《后汉书》有云："天有紫微宫，是上帝之居所也。王者立宫，象而为之。"在遥远的古代，华夏儿女仰望星空，以诗意的笔触勾勒出一幅幅梦幻般的天宫图景。而今，天宫空间站，这现代科技的奇迹，不再是古人虚无缥缈的想象，而是中国人筑造在太空中的"宫殿"，是迈向深空的"前哨站"，它搭载着一批又一批航天员为我国的空间科学进行更深入的探索。"天宫"这一名字承载着五千年华夏文明的厚重与浪漫，承载了一个古老民族对太空的好奇和渴望，它不仅是中国航天人的骄傲，更是中华民族智慧与梦想的结晶。

货运飞船的名字"天舟"取自辛弃疾《西江月·为范南伯寿》中的"灵槎准拟泛银河，剩摘天星几个"，意为天地间往来的星汉之舟。这个名字体现了货运飞船承载着天地间的物资与希望，也强调了它的使命是为"天宫"提供源源不断的支持与补给，确保航天员在太空中的生活和工作。"天舟"同时象征着航行和探索，寓意着中国航天人乘风破浪、勇往直前的精神之美。

核心舱的名字"天和"取自《庄子·知北游》中的"天和将至"，象征着天地人和，共创太平盛世。作为连接各舱段的核心，"天和"的命名传承了"天人合一"的中国古代哲学，体现了天地自然和人类和谐相处的均衡之美。同时，天宫空间站作为国际合作的重要平台，"天和"承载着中国人民对和平和繁荣的向往，强调了中国在探索宇宙的过程中，坚持和平发展道路，致力于与世界各国共同合作，共享太空探索成果，推动人类航天事业发展的美好期待。

一号实验舱的名字"问天"取自屈原《天问》中的诗句："天何所沓？十二焉分？日月安属？列星安陈？"意为：天体在什么地方立足？怎样划分出十二个星区？太阳月亮悬挂在何处？众星又摆放在哪里？古人问天，缘于太空的神秘和美丽能够唤起人类本能的对未知的好奇、对探索的渴望和对宇宙的敬畏，这是人类智慧与宇宙自然力量的对话，是天马行空的想象力的驰骋，是宇宙之美激发起的人类情感共鸣。二号实验舱的名字"梦天"取自李贺代表作《梦天》中的诗句："老兔寒蟾泣天色，云楼半开壁斜白。玉轮轧露湿团光，鸾珮相逢桂香陌。黄尘清水三山下，更变千年如走马。遥望齐州九点烟，一泓海水杯中泻。"诗中描绘了古人对天上仙境的大胆幻想，承载着中国航天人对未知领域探索的梦想。

随着中国航天事业的发展，越来越多的航天器被赋予了具有时代特征的名字。新一代载人飞船命名为"梦舟"，月面着陆器则命名为"揽月"。取名"梦舟"既是对"神舟""天舟"飞船家族的传承和发扬，也是中国人探索太空、飞向月球的梦想寄托。取名"揽月"，出自毛泽东同志著名诗句："可上九天揽月，可下五洋捉鳖，谈笑凯歌还。"这些命名展现了中华民族在新时代背景下的文化自信和创新精神。

在未来的航天探索中，我们有理由相信，中华民族将继续以开放的心态，不断探索宇宙的奥秘，为人类文明的发展做出更大的贡献。同时，我们也期待，随着中国航天事业的不断进步，将有更多的航天器被赋予具有中国特色的名字，让世界看到中华民族的智慧和力量。

第四章　和谐共生的自然之美

中国航天事业在过去的几十年中取得了令人瞩目的成就,不仅在技术上取得了重大突破,而且在探索宇宙、保护地球等方面也发挥了重要作用。中国拥有丰富多样的自然景观,山川河流、草甸湖泊、森林草原等,这些元素构成了这个古老国度的自然之美。从美学的角度来看,探索中国航天与自然之美的融合,是一种超越科技与自然边界的体验,展现了人类勇敢探索和尊重自然的精神,体现了科技与自然的和谐共生。这种融合是人类智慧与大自然创造力的完美交融,诠释了中国航天事业在美学范畴中的科技与自然和谐共生的大美。通过这种融合,我们可以更深刻地理解中国航天事业和自然之美的关系,感受到人类在探索未知领域的同时,也在寻求与自然的和谐共处,这是对美的一种深刻追求和体验,是对人类文明进步的一种美学诠释。在美学原理中,这种融合体现了"模仿说",即人类通过科技模仿自然界的规律和形态,创造出既符合自然法则又超越自然局限的航天技术;同时,也体现了"和谐说",即科技与自然不是对立的,而是可以相互补充、相互提升的,中国航天事业的发展正是在追求这种科技与自然的和谐统一,通过科技的力量保护和美化自然,实现人与自然的和谐共生。

第一节　仰观天河窥宇宙之大

在人类文明的长河中,对浩瀚星空的仰望与探索,始终是推动科技进步与文化发展的重要动力。从古代先民的朴素观测到现代航天技术的飞跃,人类对宇宙的认知不断深化,对未知世界的好奇与向往,如同永不熄灭的火焰,照亮着人类前行的道路。在中国悠久的历史文化中,古人对天文现象的观察与记录,不仅仅是出于生存与农耕的实用需求,更是对自然之美的深刻感悟和对宇宙奥秘的初步探索。

远古时期的甲骨文,即刻在龟甲兽骨上的象形文字,便已出现日月星辰的轮廓,它们是时间的印记,同时也是古人对宇宙最初的认识与想象。随着文明的演进,这些简单的符号逐渐演化为更为复杂的天文图谱,记录着古人对星空的敬畏与无限遐想。

当我们抬头仰望星空,闪烁的繁星点缀在夜空中,显现出宇宙的深邃和奥秘,星空让我们意识到宇宙的浩瀚无垠。据现代天文学的观测,我们所在的银河系有至少 2000 亿颗恒星,而整个可观测宇宙中,可能存在着 2 万亿个星系。如果将每一个星系比作一粒沙子,那么整个宇宙的星系数量足以填满一个足球场。我们只是这足球场中一粒沙子上的一个微小的生物,所处的地球只是太阳系中的一个微小行星,而太阳系只是银河系中的一个星系。宇宙中有数以万计的星系围绕着各自的中心旋转,形成了大规模的星系团和超级星系团,远离地球的星系距离我们数百万光年甚至更远,人类在观测和探索宇宙时面临巨大的距离挑战。

宇宙的年龄约为 138 亿年,在这漫长的岁月里,宇宙经历了多个阶段的演化。初始时期,宇宙经历了急剧膨胀,形成了早期的物质结构。随后,星系开始形成并演化,恒星的诞生与死亡交织,星云缓缓凝聚,行星悄然成型。在宇宙的演化过程中,众多的天体相互作用,形成了宇宙中多样化的景象和结构。它是一个庞大、神秘而美丽的领域。通过深入探索宇宙,人类不仅可以更加深入地了解宇宙的起源、演化、结构和物质组成,更能够从中得到启示和智慧,从而推动科学的进步。

星空让我们思考时间的尺度。与 138 亿年的宇宙相比,地球的年龄约为 45.5 亿年,当我们站在时间的长河中回望,人类文明的历史不过是一瞬间。正是在这短暂的一瞬间里,人类开始探索宇宙的奥秘,从古代的观星术到现代的望远镜，再到太空探测器，我们的视野随着技术的进步不断扩展，对宇宙的认识愈发深刻。现代航天技术使人类得以站在前所未有的角度审视宇宙，感受其浩瀚无垠与壮丽多姿，那些曾经只存在于古人想象中的星辰大海，如今已化作一幅幅清晰的图像，展现在世人面前。

深邃的宇宙如同一片无垠的黑色绸缎，点缀着无数的璀璨星辰，它们或明或暗，或大或小，或聚或散，交相辉映，编织出一幅幅震撼人心的星空画卷。而银河，这条横跨天际的璀璨长河，更是将无数星辰紧密地联系在一起，展现出宇宙的壮丽与和谐。

除了星空之外，遥远的星系、神秘的黑洞等宇宙奇观也通过航天技术得以被发现。那些遥远的星系，如同散落在宇宙深处的珍珠，散发着迷人的光芒；而那些神秘的黑洞，则像是宇宙中的无底深渊，吞噬着周围的一切物质与光线。宇宙奇观不仅让人心生敬畏，更激发了人类对自然之美的无限向往和追求，激励着一代又一代的航天人孜孜不倦的探索。航天探测器传回的数据，像是宇宙深处的回声，让我们在探索的旅途中，感受到宇宙的深邃与神秘，这种对未知世界的探索，充满了浪漫主义和冒险精神。中国航天人在探索宇宙的过程中，不仅积累了宝贵的科学数据，更以其独特的视角，将宇宙的壮美景象以图像、视频等多种形式，呈现给全世界。他们运用尖端摄像仪器和前沿图像处理技术，精准捕捉宇宙中的每一处细微之美，将星河的璀璨与深邃展现得淋漓尽致。这些珍贵的影像资料加深了人类对宇宙的认知与理解，让更多人领略到了宇宙的魅力，成为了人类文化宝库中的瑰宝，激励着后人继续探索未知、追求真理。

在浩瀚无际的宇宙尺度中，我们或许只是沧海一粟，渺小得微不足道，然而我们却掌握了探索宇宙的能力，这本身就是一种奇迹。我们的科技，我们的文化，我们的思想，都是宇宙中独特的存在。我们有能力理解宇宙的法则，有能力欣赏宇宙的美丽，也有能力在宇宙中留下我们的足迹。虽然我们对宇宙的了解还非常有限，但正是这种有限，激发了我们对无限可能的追求，同时也激发了我们对宇宙奥秘更深切的渴望，点燃了我们内心深处对未知世界的无尽好奇。在这场永无止境的探索之旅中，航天人对未至之境的每一次抵达，都是全人类共同的宝贵遗产。随着时间的流逝，中国航天的探索故事将成为宇宙历史的一部分，铸就成为永恒的宇宙史诗中独属于人类的辉煌篇章。

探索宇宙是一项复杂而庞大的工程，航天科技扮演了至关重要的角色，它是人类智慧的集大成者，是连接我们与宇宙的桥梁。运载火箭助力我们飞越地球的边界；探测器深入宇宙的每一个角落，执行遥感探测和地图绘制；着陆器在遥远的异星进行地质勘探和样本采集。航天科技的力量让我们得以揭开自然之美的神奇和伟大。

月球，作为地球唯一的自然卫星，自古以来就承载着人类对太空的无限向往。中国的嫦娥系列探测器，不仅实现了月球的软着陆，还带回了珍贵的月球土壤样本。玉兔月球车巡视月球表面并传回珍贵的地质图像，让我们得以近距离观察月球的地貌特征。从陨石坑到月海，月球的神秘面纱逐渐被揭开。

火星作为太阳系中最有可能存在生命迹象的行星之一，一直以来是人类探索的重点。中国的天问一号火星探测器，成功实现了对火星的环绕、着陆和巡视探测。通过火星探测器传回的高清图像，我们得以窥见火星表面的岩石、沙丘和尘暴，这些图像不仅有助于科学家研究火星的地质和气候条件，更让我们感受到了火星独特的自然之美。

除了对太阳系的天体进行探索，中国航天科技在深空探测领域也取得了一系列突破，通过射电望远镜和空间望远镜，我们能够观测到遥远的星系和星云，从螺旋星系的优雅旋转到星云的绚烂色彩，这些探测图像不仅展现了宇宙的浩瀚与神秘，同时又都是宇宙自然之美的有力见证。

随着中国航天科技的不断进步,未来的探索将更加深入和广泛,中国航天人计划发射更多的探测器,对太阳系内的其他行星和卫星进行探测,甚至计划进行载人登月和月球基地建设。这些探索不仅将为我们提供更多关于宇宙的知识,还会为我们揭示更多宇宙的奥秘,最终使我们更加深刻地感受到宇宙的自然之美。随着航天科技的不断进步,我们有理由相信,未来的航天探索会让我们更加敬畏和欣赏自然的伟大。总而言之,航天科技得以让我们仰观天河,窥得宇宙之浩渺伟大,同时也使我们有幸领略其神秘无垠的魅力,拓宽我们对自然之美的领悟与欣赏。

第二节 俯瞰山河览神州之景

在浩瀚宇宙的凝视下,地球以其独有的方式诉说着生命的奇迹与自然的壮丽。在中国这片古老的土地上,更是以其丰富多彩的自然景观和深厚的人文底蕴,成为世界上独一无二的存在。随着航天科技的飞速发展,特别是卫星技术与遥感技术的广泛应用,我们得以从全新的视角——俯瞰,来领略神州大地的无限风光与深刻变迁,欣赏中国自然景观与人文景观的壮丽与独特。

自 20 世纪中叶以来,随着卫星技术的兴起,遥感技术逐渐成为观察地球、理解自然的重要手段,它利用装载在卫星等航天器上的各类传感器,从太空向地球表面发射并接收电磁波信号,进而解析出地表的各种信息。这一技术的出现,极大地拓宽了人类观察世界的视野,使得我们能够以前所未有的精度和分辨率,洞悉地球的每一个细微变化。

遥感技术的发展日新月异，我国不仅自主研发了多颗高分辨率对地观测卫星，如"高分"系列卫星，还建立了完善的遥感数据接收、处理和应用体系。这些卫星如同悬挂在太空中的"天眼"，24小时不间断地监测着地球表面的动态变化，为农业、林业、水利、环保、城市规划等多个领域提供了宝贵的数据支持。通过遥感技术，我们可以清晰地看到农田的播种与收割、森林的茂密与稀疏、河流的清澈与浑浊、城市的扩张与变迁……这一切，都为我们更好地认识自然、保护自然、利用自然提供了有力的技术支撑。

当我们用遥感科技俯瞰神州大地时，一幅幅绚丽多彩的画卷便徐徐展开：从北国的雪域高原到南疆的热带雨林，从东部的浩瀚大海到西部的广袤沙漠，中国以其独特的地理环境和多样的气候类型，孕育了丰富多彩的自然景观。遥感技术俯瞰的视角，让我们能够超越地理和时间的限制，以更加宏观和全面的方式去理解这片土地上的自然与人文景观。

中国地势西高东低，东部平原广袤，西部多山岭和高原，遥感技术通过可见光波段拍摄地表图像，使我们能够直观地欣赏到中国各地的地貌特征。通过进一步分析这些地形地貌数据，我们能够准确识别和评估自然资源的分布、监测环境的变化，从而促进资源管理和环境保护、强化部署自然灾害的应对以及助力经济的建设发展。

纵览祖国的地形地貌，其中华北平原、长江三角洲和四川盆地为中国的农业和经济发展提供了广阔的土地资源，通过分析它们的植被和农田模式可以监测作物生长、优化灌溉方法、提高作物产量；通过监测土地及其利用变化可以了解城市扩张对农田和森林的侵占情况，进而调整城市规划以保护耕地和生态环境。

青藏高原，这座被誉为"世界屋脊"的神奇之地，汇聚了丰富的地貌特征，有巍峨耸立的山峰、广袤无垠的草原、神秘莫测的湖泊、尘封多年的冻土，地质学家通过分析青藏高原的遥感数据，构建了成矿理论和勘察模型,为我国矿产资源勘探做出了宝贵的贡献。

中国拥有众多壮丽的山脉,如喜马拉雅山脉、昆仑山脉和秦岭山脉等,这些山脉不仅给中国带来了壮丽的自然风光,还对中国的气候和生态系统起着重要的影响。坐落在我国西南边境的喜马拉雅山脉是世界上最高的山脉,通过卫星遥感图像我们可以看到这片山脉雄伟起伏的峰峦、蜿蜒曲折的冰川和幽深艰险的峡谷,无不令人叹为观止。此外,通过遥感监测数据绘制的喜马拉雅冰川退缩演变图,使我们能够更好地了解喜马拉雅地区这些年受到全球气候变化而产生的影响,并为其制定相应的环境保护策略提供科学依据。

中国不仅山川壮丽,河流也很丰富,通过遥感图像,我们可以饱览这些璀璨夺目的美景,更能深刻感受到它们为我国带来的丰富资源。长江与黄河,这两条中华民族的母亲河,如同两条巨龙般蜿蜒流淌在中华大地上。它们不仅滋养了华夏儿女,也见证了中华民族的悠久历史与灿烂文明。通过遥感监测这些河流资源的状况来指导农业灌溉和工业生产,可大大减少水资源的浪费和污染,从而有助于实现水资源的合理利用与可持续发展。

长江三峡是中国最具特色的自然景观之一。遥感技术为我们提供了一个独特的视角,可以俯瞰澎湃的长江。在三峡工程规划和建设过程中,遥感技术大放异彩,它提供了大范围的地表信息并实时监测了工程进展,为工程选址、大坝建设、航道变化提供了科学依据,确保了工程的顺利实施。三峡工程建成后,遥感技术又为监测库区及周边地区的地质稳定性,为及时发现山体滑坡、泥石流等地质灾害隐患提供了有力的技术支持。遥感技术在三峡工程中的应用,为这世界上最大的水利枢纽工程的成功建设和运营提供了强有力的保障。

遥感技术的广泛应用为解决生态环境问题也提供了强有力的支持。中国西北部的塔克拉玛干沙漠是世界上最大的连续流动沙漠之一,遥感技术使我们能够俯瞰到这个广袤而又神秘的沙漠景观,红色的沙丘、奇特的沙瀑布和风沙遗迹构成了壮美的景象。通过分析遥感图像中沙漠的植被覆盖情况,可用于评估荒漠化、水土流失等生态问题的严重程度并制定相应的治理措施。

除了自然风光外,中国的人文景观同样令人瞩目。长城是中国古代的伟大工程之一,也是世界上最具代表性的建筑之一。它见证了中国悠久的历史和文明,是中国人民智慧和勤劳的象征。通过遥感视角,我们可以清晰地看到长城蜿蜒在山脉之间,壮丽而又雄伟。位于北京的故宫是中国明清两代的皇宫,也是世界上最大的古代木质结构建筑群,从遥感视角来看,我们可以欣赏到它庄严典雅的建筑风格。红墙黄瓦的色调与蓝天白云交相辉映,展现出中国传统建筑的独特魅力。

东北平原沃野千里,是中国重要的粮食生产基地,秋收时节望去,那里的人们正在用勤劳的双手创造着丰收的喜悦;江南水乡的小桥流水人家,在遥感视角下宛如一幅幅精美的水墨画,让人沉醉在温婉动人的水乡风情之中。随着城市化进程的加快,一座座现代化城市如雨后春笋般涌现。上海的东方明珠塔和黄浦江相互映衬,周围繁华的陆家嘴金融区高楼林立,广州塔的"小蛮腰"曲线流畅……这些城市的标志性建筑,在遥感视角下展示出它们独特的设计美学,构建出美轮美奂的现代都市景观。这些人文景观不仅展示了中国现代化建设的成就,也体现了人民对美好生活的向往与追求。

总之,遥感技术不仅可以让我们用俯瞰的视角领略祖国山川的壮美,更为推动社会经济和环境的可持续协调发展提供了有力的技术支持。通过遥感技术可监测森林覆盖、矿物分布、水力资源、土地利用等关键自然资源指标,能帮助我们制定合理的资源利用和管理策略,确保资源的长期可持续开采。同时遥感技术可快速识别自然灾害,为应急响应提供及时信息。此外，遥感技术还可以用于监测海洋污染、气候变化等全球性问题，为环境保护提供科学依据。

航天科技的进步，不仅是一次次对未知的勇敢挑战，更是一种审美体验的升华。通过遥感图像，拓宽了我们感知美、欣赏美的边界，让我们如同站在宇宙的视角，俯瞰地球的壮丽景色，这种超越日常生活的视觉冲击，激发了我们对家园的深刻情感和对自然之美的敬畏。我们有理由相信，随着科技的不断进步和人们对生态保护意识的不断提高，我们能够更好地保护我们的地球家园，让这片蓝色星球上的自然与人文景观永远绽放出绚丽的光彩。

第三节　敬畏生命赏德泽之辉

人类在航天探索的过程中，不仅仅是在追求科学发展和技术进步，更重要的是我们从航天活动中汲取到了敬畏生命和感恩德泽的真谛。通过航天科技，我们得以俯瞰地球，看到它的美丽与珍贵，体会到生命的可贵和美好。

从太空俯瞰地球，我们会被它那湛蓝的颜色所震撼，这是地球上水的比例和分布所致。在宇宙星河中，地球是唯一独特的蓝色星球。"地球蓝"同时提醒着我们，地球上真正适宜人类生存的水资源其实是非常有限的，我们应该珍惜每一滴水，保护好我们的水资源，使之福泽后代。

地球的大气层为我们提供了生存的环境，它包裹着整个地球并保持着温室效应。然而，工业化和人类活动产生的大量二氧化碳的排放，导致全球气候变暖，更严重威胁着人类的生存和可持续发展。我们必须认识到大气层的脆弱性，采取行动减少污染和气候变化，保护地球生态平衡。

在人类文明的长河中，对生命的敬畏与对德泽之光的追寻，始终是推动社会进步与文明发展的重要力量。在这个美好的愿景中，航天技术与生态保护的深度融合已成为现实，通过卫星遥感、无人机监测等高科技手段，我们将更加精准地掌握地球生态环境的变化，及时发现并解决生态环境问题。

中国航天事业，作为现代科技与国家意志的结晶，不仅承载着探索宇宙、拓展人类认知边界的使命，更深刻地体现了中国航天人对生命价值的尊重与对人文关怀的执着追求。航天探索推动了物理学、天文学等科学领域的发展，为人类提供了新的科学知识；航天技术的发展带动了材料科学、计算机科学的进步，同时这些技术的进步又反过来促进了航天技术的发展。航天探索是对未知的向往，也是人类文明发展的一大步。通过探索宇宙，人类可以更好地理解自己在宇宙中的位置，促进人类文明的进步。

自然之美是宇宙赋予人类的宝贵财富，从星空的璀璨到大地的辽阔，从山川的壮丽到江河的奔腾，每一处自然景观都蕴含着无尽的魅力与奥秘。在深空探测器和太空望远镜的帮助下，我们得以窥见宇宙的深邃与浩瀚。那些遥远星系的光芒，穿越亿万年的时空，最终映入我们的眼帘，让我们感受到宇宙的广阔与无垠，感受到无际太空带来的震撼美。卫星遥感技术可以使我们清晰地看到地球的面貌，让我们得以从全新的视角去欣赏这份美丽。从高空中俯瞰，大地上的山川湖泊、城市乡村都呈现出别样的风貌，让人不禁为之赞叹。这些自然景观不仅让我们感受到大自然的鬼斧神工，更让我们思考人与自然的关系以及生命的意义和价值。航天科技成果让我们得以进出太空、开发太空、探索太空。使用运载火箭等航天运输工具，将卫星等有效载荷送入地球轨道、遥远深空或按需返回地面从而进出太空。进出太空的能力有多大，航天的舞台就有多大。进出太空的能力体现了人类对自然界挑战的勇气和智慧。运载火箭的壮观发射、有效载荷与航天器的精准入轨,都是人类航天工程技术的杰作。每一次升空,都是对宇宙深情的告白;每一次返回,都是对家园温暖的拥抱。航天科技美学在这里,不仅是力量的象征,更彰显了人类突破重力束缚、探索未知领域的渴望和决心。

航天科技通过输送卫星等航天器,利用太空环境和资源,为社会大众提供通信、导航、遥感及其他服务从而实现对太空的开发。卫星在轨道上静静旋转,它们是天空中的信使,传递着人间的温情与智慧。通信卫星架起了心灵之间的桥梁,导航卫星指引着旅人的方向,遥感卫星洞察大地的脉动。科技在这里,如同织女巧手,将天地间的信息编织成一张张温柔的网,覆盖着每一个渴望连接的心。航天科技所展现出的美学魅力,在这里体现为对人类智慧的颂扬,以及对科技改善人类生活、连接世界和谐与统一的赞叹。

用航天科技去探索太空,是以探测器等航天器为主要平台,开展空间科学探索,揭示宇宙自然现象及规律。探索太空是人类好奇心和求知欲的极致展现。探测器作为我们感知宇宙的眼睛和手,揭示了宇宙的壮丽景象和深邃奥秘。空间站悬浮在星辰之中,是人类在太空中的家园,是探索者对宇宙奥秘的守望,是拓路者对美丽银河的执着。探测器穿梭于星际之间,是勇敢的使者,携带着人类的好奇与敬意,去触摸宇宙的边界,去解读星系的语言。

在探索宇宙、观察地球的过程中,我们逐渐认识到人类与自然之间的紧密联系与相互依存。我们开始反思过去对自然的过度开发与利用所带来的严重后果,并积极探索可持续发展的道路。通过航天技术的运用和生态保护措施的实施,我们努力让自然之美得以延续并焕发出新的生机与活力。在航天技术的引领下,人们将更加珍惜自然资源,尊重自然规律,保护自然环境,努力构建人与自然和谐共生的重要关系，使人类社会的发展与自然环境的保护相互促进、相得益彰。我们将以更加广阔的视野和更加深邃的思考，去探索宇宙的奥秘，追寻生命的意义与价值，创造一个更加美好、更加和谐的世界，实现宇宙之美与地球之美交相辉映，共同照亮人类前行的道路。

展望未来，中国航天事业将继续秉承探索未知、造福人类的初心和使命，不断前行。我们将持续推动航天技术的创新与发展，拓展人类对宇宙的认知边界。同时，我们也将更加重视生态保护与可持续发展，使航天事业与自然之美相辅相成，共同繁荣。

航天科技带来的成果开拓了美学的边界，而美学帮助航天人更好地理解和阐释宇宙的奥秘与自然的雄奇，启发更深层次的思考和创新，成为探索科学进步的有力媒介。总之，科学技术赋能美学，为美学研究带来新的观察视野和探索领域，美学理念对航天科技产生文化影响和创新驱动，它们相辅相成，让我们多角度深切地感知到宇宙的神秘与生命的伟大，从而敬畏生命、保护生态，珍惜科技与自然带来的恩泽。

第四节　守望相助护地球之安

在欣赏自然之美的同时，我们也不能忽视生态保护与可持续发展的重要性，随着人类活动的不断增加和自然环境的不断恶化，如何保护好我们的地球家园已经成为一个亟待解决的问题。

中国航天事业自 20 世纪中叶起步，历经数十年的探索与实践，取得了举世瞩目的成就。航天科技的迅速发展不仅推动了人类文明的进步，也为全球环境保护提供了前所未有的技术支持。保护地球生态环境，发扬自然之美成为中国航天的重要使命之一。

早期，中国航天事业的发展主要集中于国防和基础科研领域，随着科技水平的提升和全球环境问题的加剧，中国逐渐认识到航天技术在环境监测、资源管理、气候变化应对等方面的潜力，特别是进入21世纪以来，中国航天不断拓展应用领域，将先进的技术手段应用于地球环境的保护中。中国航天科技的一个重要成就是遥感卫星的广泛应用，这些卫星能够以极高的精度和分辨率对地球表面进行观测，提供包括气象、地质、生态、农业等领域的数据支持。因此，通过遥感技术，人们能够清晰地看到地球自然景观的变化，以及人类活动对自然环境的影响。

遥感卫星不仅用于资源勘探和环境监测，还在气候变化研究中发挥了关键作用，中国发射的风云系列气象卫星，在全球气候监测方面贡献显著。通过分析这些卫星数据，科学家可以准确预测台风、洪水等自然灾害的发生，并及时发布预警信息，从而有效减少自然灾害对人类社会的破坏。此外，遥感技术还帮助我们更好地理解和保护自然生态系统，通过对森林覆盖率、植被变化、冰川消退等现象的长期监测，科学家可以评估环境保护政策的效果，并为进一步的生态保护工作提供科学依据。

中国航天科技不仅在理论层面上为地球环境保护提供支持，也在实际应用中展现了其巨大实力，在自然资源管理、生态环境修复和生物多样性保护等方面，航天技术已经成为不可或缺的工具。

在自然资源管理方面，中国的高分系列卫星可以对地球表面的矿产、森林、水资源等进行详细的探测和监控，为资源的合理利用和保护提供了科学依据。而且通过卫星遥感技术，政府部门能够实时监控森林的变化情况，及时发现非法采伐行为，并采取相应的保护措施。

航天技术在生态环境修复中也起到了重要作用。中国许多地区由于过度开发、资源污染等原因，生态环境受到了严重破坏，在这些区域，航天遥感技术被广泛用于环境监测和修复工程的效果评估。在荒漠化治理过程中，遥感数据也可以帮助科学家分析植被恢复情况，判断治理措施的效果，并为后续的生态修复工作提供指导。

航天技术在生物多样性保护方面也有着广泛应用。通过卫星遥感和无人机技术的结合，科学家能够更准确地监测珍稀动物的栖息地变化，为生物多样性保护提供强有力的技术支持。利用航天技术，科研人员可以实时监测野生动物的迁徙路径，分析其栖息地的环境变化，从而制定更为有效的保护策略。

中国航天科技在全球生态治理方面贡献卓著。在全球范围内，环境问题的复杂性和多样性要求各国携手合作，共同应对，中国在这一领域展现出了大国的担当。我们通过航天科技与其他国家和国际组织展开广泛合作，为全球生态治理贡献了重要力量。中国的航天科技不仅在国内推动了环保事业的发展，还通过国际合作，在全球生态治理中发挥着关键作用。

在守护"蓝色星球"的全球行动中，我国的北斗卫星导航系统不仅为国内提供了精确的定位和导航服务，也为"一带一路"沿线国家和全球用户提供了广泛的服务支持。北斗系统的应用范围非常广泛，涉及资源管理、灾害应对和环境保护等多个领域。例如，在资源管理方面，北斗系统可以帮助各国进行更加精确的土地和水资源的利用和规划，从而减少资源浪费，促进可持续发展；在灾害应对方面，北斗系统能够提供实时的灾害预警和紧急救援定位，为各国在地震、洪水等自然灾害中的应对和救援工作提供宝贵的技术支持。此外，北斗系统在环境保护中的应用也越来越广泛，如监测森林火灾、追踪野生动物迁徙等，进一步体现了中国航天科技在推动全球经济可持续发展中的重要作用。

中国航天还积极参与联合国倡导的可持续发展目标（SDGs），并在多个领域取得了显著成效。中国的碳卫星1号（TanSat）能够精确监测全球二氧化碳浓度分布,为应对全球气候变化提供了重要的数据支持。这一举措不仅展示了中国在应对气候变化方面的技术实力,也表明了中国在国际气候治理中的积极态度。

中国航天与欧洲空间局(ESA)在环境监测卫星项目上的合作,不仅提高了全球对气候变化、空气污染和自然灾害方面的监测能力,还为全球应对这些挑战提供了更准确和更及时的数据支持。这种跨国合作不仅体现了中国航天科技的国际影响力,也展示了中国在守护地球、推动全球环境治理中的开放姿态和合作精神。

中国航天科技在发展过程中始终坚持绿色发展理念,将环保意识融入科技创新的各个环节。无论是在航天器的设计制造,还是在发射和运行的过程中,环保技术都得到了广泛应用。航天技术的进步不仅体现了中国航天人对地球环境的责任感,也展示了中国航天对未来可持续发展的深刻理解与承诺。在航天器的制造过程中,中国航天坚持使用环保材料,减少有害物质的排放,减少对环境的破坏,维护自然之美。以长征系列运载火箭为例,其设计中充分考虑了燃料的环保性。传统火箭燃料可能会释放大量温室气体和有害物质,而中国航天在长征火箭的燃料选择上,采用了低污染、高能效的推进剂组合,如液氧和液氢等。这种组合不仅能有效减少发射过程中对大气层的污染,还能显著提高火箭的推力效率,减少发射次数和成本,进一步降低航天活动对环境的负担。

此外,在航天器运行和退役过程中,中国航天也采取了多项措施来降低对环境的影响。轨道碎片问题一直是全球航天活动中的重大环境挑战,中国航天通过研发可控再入技术,使得废弃航天器在退役时能够有计划地重返地球大气层,并在受控条件下燃烧殆尽,最大限度地减少对地面和轨道环境的威胁。同时,中国还积极研究自主清理技术,通过发射专门的清理卫星或搭载清理设备的任务,主动清理轨道碎片，为太空环境的长期可持续性提供保障，维护宇宙璀璨纯洁之美。

在中国航天科技的发展过程中，公众的环保意识和参与度得到了显著提升。通过广泛的科普活动和教育项目，中国航天不仅向公众展示了科技的力量，还成功地唤起了人们对环境保护的关注和责任感。这种双向互动不仅推动了科技发展，也为环保事业注入了新的活力和动力。而中国航天科普教育项目在全国范围内广泛开展，则成为提升公众环保意识的重要渠道。这些项目不仅仅局限于传统的讲座和展览，更通过多样化的互动体验来增强公众的参与感。例如，在学校，航天科普讲座通过生动的案例和互动环节，使得学生在了解航天科技的同时，深刻认识到环保的重要性。这种教育方式让青少年在学习知识的过程中，逐渐形成了对环境保护的责任感和使命感，将珍爱自然、守护地球之安的理念根植于心。

随着互联网和社交媒体的普及，航天科普内容的传播也进入了一个新的阶段。各种形式的航天科普文章、视频和直播内容在各大社交平台上广泛传播，使得更多的公众能够接触到航天科技，并了解到航天环保的相关知识。例如，许多航天专家和科普博主在社交媒体上分享航天环保技术的进展，解答网友的提问，甚至引发了关于航天与环保的激烈深层讨论。这种在线互动不仅拓展了公众的航天知识面，还促使更多人积极参与到环保行动中来。

展望未来，中国航天科技将继续秉持绿色发展和科技创新的理念，不断推动技术进步与环境保护的有机结合。在科技不断发展的背景下，中国航天必将在全球生态保护和可持续发展中发挥更加重要的作用。在航天环保的守护加持下，我们的地球必将持续展现出更多的自然之美，这种自然之美与科技之美的完美融合，必将为人类社会的可持续发展做出更大的贡献。

第五章　家国情怀的使命之美

中国航天的使命之美，源自中国航天事业在一穷二白的基础上起家创业，在60多年的发展岁月中，取得一项项举世瞩目的发展成就，催生并推动了科学技术的发展进步，是人类探索精神的具体体现。从美学的角度来看，中国航天的成就不仅是技术的胜利，更是人类智慧与勇气的美学展现。中国航天铸造了一个个大国重器，为提升我国综合国力、激发全民族自豪感发挥了重要作用，在推动发展的过程中，培养并形成了一支既具备科研攻关能力，又具备吃苦战斗精神的航天科技人才队伍，形成了航天传统精神、"两弹一星"精神、载人航天精神、探月精神、新时代北斗精神等中华民族精神重要组成部分的精神财富。这些精神财富不仅是科技成就的象征，也是美学价值的体现，它们展现了人类对未知世界的无限向往和对美好生活的不懈追求，是科技与美学、力量与美感的完美结合。

第一节　矢志不渝的崇高使命

中国航天事业的发展，肩负着多项使命，无论是从国家和国防建设的需要，还是从普通大众的生活应用，都与航天事业息息相关。1956年5月26日，周恩来总理代表中共中央宣布发展中国导弹武器的决定，表示要集中仅有的技术力量用于火箭、导弹的研究和制造。同年10月8日，国防部第五研究院成立。根据聂荣臻副总理的提议，经毛泽东主席、周恩来总理批准，确定国防部第五研究院的建院方针是"自力更生为主，力争外援和利用资本主义国家已有的科学成果"。

这是中国航天事业的起步，也是中国航天人最初的使命。经过60多年的发展，中国航天事业所承载的使命已经变得更为丰富、更贴近普通人的生活，并且更为高远。

中国航天事业的发展对增强我国的国防实力发挥了重要作用。航天事业的发展使得我国的国防能力得到了显著的提升，航天技术在军事上的应用可以为我国提供更加全面、准确和及时的军事情报。中国航天科技的发展也推动了国防工业的升级和转型，航天技术的研发和生产需要大量的高端装备和技术，这促进了航天产业链各环节的升级和发展。同时，航天科技的应用对于军工企业来说，也是一种新的市场和技术创新的机遇，推动了国防工业的产业结构调整和创新能力的提升。

中国航天科技的发展提高了中国的国际地位和声誉。航天技术的发展在一定程度上是一个国家科技实力的象征，能够提升国家的国际地位和对外影响力。中国航天科技在国际合作中起到了积极的作用，与其他国家的航天机构开展合作项目，共同推动了航天技术的发展。这种国际合作不仅促进了中国航天科技的进步，也为国家争取了更多的合作伙伴和国际支持，进一步巩固了国家的地位和声誉。

中国航天事业的发展对于经济社会的发展具有重要的作用。目前人类利用太空的方式，主要是通过通信、导航、遥感等各类人造卫星，利用空间环境和资源，为人类社会提供各项服务。通信卫星是用来进行远距离无线电通信的卫星。自1984年成功发射第一颗静止轨道通信卫星东方红二号至今，我国通信卫星实现了从实用到商用、从固定业务到移动业务、从窄带业务到宽带业务、从单星系统到星座网络的跨越，通信速率、容量、支持终端数量实现了万倍量级的提升，满足了电视广播、远程教育及医疗、宽带通信等不同场景下的应用需求。同时，我国东方红系列通信平台快速发展，从东方红一号到五号，枝繁叶茂，不断壮大。

导航卫星是从卫星上连续发射无线电信号，为地面、海洋、空中和空间用户导航定位。目前，北斗系统在全球一半以上国家和地区推广使用，规模应用进入市场化、产业化和国际化发展，这是我国为全球公共服务基础设施建设做出的重大贡献。

遥感卫星能在规定的时间内覆盖整个地球或指定的任何区域。当沿地球同步轨道运行时，它能以高时间分辨率对地球表面某指定地域进行遥感；当沿太阳同步轨道等近地轨道运行时，能对某指定地区进行遥感。目前，我国在轨稳定运行的高分辨率对地观测卫星超过200颗，仅公益民用可见光卫星就可实现2米分辨率数据对全国陆地国土的季度覆盖。通过遥感卫星，我们既能感受世界的温度，也能看到这个世界的微妙变化。

对太空的利用，为我们的经济社会发展和生产生活带来了诸多效益。比如，在电力领域，北斗高精度定位用于无人机自主巡检、变电站机器人巡检、杆塔监测等业务；在交通运输领域，约有830万辆道路营运车辆、近5万艘船舶、2100多架通用航空器应用了北斗终端设备；在农业领域，基于北斗系统的农机自动驾驶终端已达20万台（套），实现了跨企业农机作业数据整合，24小时动态监测水稻、小麦、玉米等主要粮食作物的收获和拖拉机作业。2023年，我国卫星导航与位置服务产业总体产值达到5362亿元人民币，同比增长7.09%，其中由卫星导航应用和服务所衍生带动形成的关联产值达到3751亿元人民币。

空间站，是一种在近地轨道长时间运行，可供多名航天员巡访、长期工作和生活的载人航天器。目前，中国空间站全面建成，我们的"太空之家"遨游苍穹。中国空间站作为国家太空实验室，成果转移转化成效显著，已安排在轨实施了100多个空间科学研究与应用项目，航天育种搭载实验3000多项，4000余项成果应用于各行各业。这些科学实验和结果应用，促进了我国科技水平整体提升，造福了国计民生。

空间探测器，又名深空探测器，是人类对远方天体和空间进行探测的无人航天器，是现阶段空间探测的主要工具。在月球及深空探测方面，我国成功发射6个月球探测器。在火星探测方面，天问一号探测器的环绕器，经过多次精准近火制动，进入遥感使命轨道，获取覆盖火星全球的中分辨率影像数据，实现火星全球探测。

中国航天事业始于1956年，在60多年的发展岁月中，中国航天事业经历了试验性研究阶段、创建阶段、发展壮大阶段、迈向航天强国建设阶段，在不同的阶段，中国航天事业肩负了不同的使命。

第一阶段，试验性研究阶段，从1956年到1960年。1956年，国防部第五研究院正式成立，钱学森任院长。这是我国第一个导弹研究机构，它不仅成为中国第一个导弹火箭研究机构，同时也是中国航天事业的起点。在这一阶段，中国航天事业的主要使命是在钱学森等老一辈航天科技工作者的带领下，从一穷二白起步，在一张蓝图上描摹中国航天事业发展的雏形。这一阶段为我国第一枚火箭、第一颗人造地球卫星、第一颗原子弹成功爆炸做着基础研究并开展工程实现的探索。

第二阶段，创建阶段，从1960年到1970年。中国航天的主要使命是创建并实实在在地开展工程任务实践，为中国航天事业的发展奠定了良好的根基。

这一阶段，中国航天事业开天辟地地创造了中国航天发展史上的多个第一。1960年，中国成功发射第一枚试验性火箭探索一号，中国迈出了探空火箭技术的第一步；1964年，中国第一颗原子弹爆炸成功；1967年，我国第一颗氢弹空爆实验成功爆炸；1970年，我国成功发射第一颗人造地球卫星东方红一号,中国成为第五个拥有卫星的国家,正式拉开了中华民族探索浩瀚宇宙的序幕。

第三阶段,从1970年到2000年,是中国航天事业的发展壮大阶段。这一阶段,中国航天的使命是在初创阶段的基础上,在火箭发射、卫星技术应用方面走向更为成熟的发展阶段。

1975年,成功发射第一颗返回式人造卫星,我国成为世界上第三个掌握卫星返回技术的国家;1981年,中国成为独立掌握"一箭多星"发射技术的国家,引起世界轰动;1984年,中国第一颗通信卫星东方红二号升空,中国卫星通信业务实现由技术试验向应用阶段的历史性转变;1992年,实施载人航天工程;1999年,中国第一艘无人试验飞船成功发射,标志着我国载人航天技术获得了新的重大突破。

第四阶段,从2000年至今,是中国航天事业迈向航天强国阶段。这一阶段,中国航天事业在传统的通信、导航、遥感卫星技术持续发展成熟的基础上,在载人航天、深空探测等科学试验任务卫星的发展中更加崭露头角。中国航天事业开始迈向建设航天强国的新征程。

2003年,中国第一艘载人航天飞船神舟五号发射成功,标志着我国成为苏联和美国之后第三个将人类送上太空的国家;2007年,我国首颗绕月人造卫星嫦娥一号发射成功,标志着中国探月时代成功开启;2011年,中国第一个目标飞行器天宫一号发射成功;2013年,嫦娥三号成功在月球着陆,这是中国第一个月球软着陆的无人登月探测器;2018年,嫦娥四号探测器进入地月转移轨道,月球车上搭载了中国以及荷兰、德国、瑞典、沙特阿拉伯等其他国家航空组织的科学仪器;2020年,火星探测器天问一号发射成功,自此,中国迈出了行星探测的第一步;2021年,空间站天和核心舱成功发射,拉开了中国空间站建设的序幕;2022年年底,中国空间站在轨全面建成。

仰望深邃星空，脚踏航天强国建设之路，中国航天将加快推动空间科学、空间技术、空间应用全面发展，重点提升航天科技创新动力、经济社会发展支撑能力，更好地服务新质生产力发展、推进中国式现代化，积极开展更广泛的国际交流合作，增进人类共同福祉。实施空间开发与应用的重大科技工程和科学任务，重点推进行星探测、月球探测、载人航天、重型运载火箭、可重复使用航天运输系统等重大工程。提高自由进出、高效利用、科学探索太空的能力，进出太空要向高性能、低成本、远距离、快响应、智能化、规模化发展。建设重型火箭及新一代载人火箭，加快可重复使用运载器的研制和运营，建设惠及民生的航班化航天运输系统。利用太空舱实现一星多用、多星组网，并拓展至地月空间，实现在轨服务。

第二节 勇于攀登的时代先锋

中国航天事业起步于20世纪50年代，当时国家正面临着重重困难，物资匮乏，技术力量薄弱。在这一历史背景下，一批又一批航天人以无私奉献的精神迎难而上，推动了中国航天事业的初步发展。

为了推动航天事业的快速发展，中国在当时采取了引进与自主培养相结合的策略，包括钱学森在内的一批具有国际视野和丰富经验的科技人才加入了航天队伍。钱学森在美国学习和工作的经历，使他具备了深厚的理论基础和丰富的实践经验。他的归国不仅为中国航天提供了关键的技术支持，也带动了大量优秀人才的涌入，形成了一支逐步壮大的科研团队。与此同时，中国也建立了自己的航天教育体系，培养本土的航天人才，通过高等院校和科研机构的努力，培养了一大批具有专业知识和实践能力的年轻科学家和工程师。这一阶段的努力,为中国航天事业的长足发展奠定了坚实的人才基础。

在这一背景下,许多科学家和工程师投入到了航天事业中,他们的奉献和牺牲精神值得我们铭记。其中,最值得被提起的就是"两弹一星"功勋奖章的获得者群体。

中国的"两弹一星",是20世纪下半叶中华民族创建的辉煌伟业。1964年10月16日,我国第一颗原子弹爆炸成功,1967年6月17日,我国第一颗氢弹空爆试验成功,1970年4月24日,我国第一颗人造卫星发射成功。这是中国人民在攀登现代科学高峰征途中创造的"两弹一星"的人间奇迹。

20世纪五六十年代是极不寻常的时期,当时面对严峻的国际形势,为抵制帝国主义的武力威胁和核讹诈,为了保卫国家安全,维护世界和平,20世纪50年代中期,以毛泽东同志为核心的第一代党中央领导集体,根据当时的国际形势,为了保卫国家安全、维护世界和平,高瞻远瞩,果断地做出了独立自主研制"两弹一星"的战略决策。大批优秀的科技工作者,包括许多在国外已经有杰出成就的科学家,以身许国,怀着对新中国的满腔热爱,响应党和国家的召唤,义无反顾地投身到这一神圣而伟大的事业中来。他们和参与"两弹一星"研制工作的广大干部、工人、解放军指战员一起,在当时国家经济、技术基础薄弱和工作条件十分艰苦的情况下,自力更生,发愤图强,完全依靠自己的力量,用较少的投入和较短的时间,突破了原子弹、导弹和人造地球卫星等尖端技术,取得了举世瞩目的辉煌成就。

1999年9月18日,在中华人民共和国成立五十周年之际,党中央、国务院、中央军委隆重表彰为我国"两弹一星"事业做出突出贡献的23位科技专家,并授予他们"两弹一星功勋奖章"。23位"两弹一星"功勋奖章获得者是于敏、王大珩、王希季、朱光亚、孙家栋、任新民、吴自良、陈芳允、陈能宽、杨嘉墀、周光召、钱学森、屠守锷、黄纬禄、程开甲、彭桓武、王淦昌、邓稼先、赵九章、姚桐斌、钱骥、钱三强、郭永怀。在此,让我们向这些为祖国航天事业做出卓越贡献、平凡而伟大的英雄致以崇高的敬意!

"两弹一星"的研制工作者们,是一支特别能吃苦、特别能战斗的队伍。他们在茫茫无际的戈壁荒原,在人烟稀少的深山峡谷,风餐露宿,不辞辛劳,克服了各种难以想象的艰难险阻,经受住了生命极限的考验。他们运用有限的科研和试验手段,依靠科学,顽强拼搏,突破了一个个技术难关。他们所具有的惊人毅力和勇气,显示了中华民族在自力更生的基础上自立于世界民族之林的坚强决心和能力。

航天前辈的无私奉献和辛勤付出,奠定了中国航天事业发展的坚实基础。正是因为他们的努力,中国才能够在短短几年的时间里,迅速从航天技术的空白区走向自主研发的轨道,完成了一系列具有里程碑意义的航天任务。在这个关键的历史阶段,人才的引进与培养、科学家的奉献精神以及国家的政策支持共同推动了航天事业的发展。由此,中国在全球航天领域逐渐崭露头角,为后续的航天探索打下了坚实的基础。

高素质人才队伍是中国航天事业发展的强劲动力和宝贵财富。中国航天事业在发展过程中,突出富国强军使命,突出市场化转型和人才强企战略,切实履行支撑国家战略安全、引领科学技术进步、带动经济社会发展、推动航天强国建设的历史使命。在此过程中,航天人才队伍逐步发展成为一支思想好、作风硬、技术精、善打硬仗、勇于攀登的高素质产业大军,为我国航天科技工业进步提供了有力的人才保证和智力支持。

在我国航天事业由弱小到逐渐发展壮大的过程中,航天人才队伍也实现了从无到有、从小到大,不断成长和发展的过程。航天事业的成功离不开人才，航天事业也成为人才成长的摇篮。

20世纪60年代，在国防部五院的一次高级知识分子座谈会上，聂荣臻提出了培养年轻一代航天人才的战略任务。有令必行，老一代航天人不辱使命，言传身教，热心培养和锻炼中青年骨干，让他们在技术攻关中充分发挥聪明才智。20世纪80年代，我国进入改革开放的新阶段，航天事业也进入一个新的发展时期，全国重点院校优秀毕业生进入航天系统，同时航天事业本身也培养和锻炼了一大批科技人员。这些人是航天科技的新生力量并逐步成为栋梁之材，当时的航空航天部要求各单位制订型号专业人才补充计划，明确规定在型号研制队伍中35岁以下年轻人要占到1/3以上，对政治素质好、业绩突出的优秀人才要大胆使用，破格晋升，解决航天专业技术队伍新老交替问题。

针对市场经济对航天队伍的影响，航天各院党委都高度重视青年人才的培养，20世纪90年代初破格提拔了一批优秀青年为高级工程师和研究员，当时被称为"小高工""小研究员"。这些年轻的科研工作者后来都成长为航天战线上的骨干和精英，成为航天科技的主力军。

以航天科技集团为例，20世纪90年代，随着计划经济向社会主义市场经济过渡，人才竞争日趋激烈。针对这种情况，刚刚成立的航天科技集团坚持党管人才原则，采取有效措施，落实人才强企战略，加大人才引进和使用力度，制订"传帮带"计划；积极争取政策，解决骨干人员后顾之忧。这些政策对于吸引人才、培养人才、稳定骨干发挥了重要作用。

从20世纪60年代到20世纪末，航天科技集团培养形成了以重点学科带头人为代表的科技人才、以优秀企业家为代表的经营管理人才和以能工巧匠为代表的技能人才等三支人才队伍。

进入21世纪，中国航天事业迎来了飞速发展的时期。每一次辉煌成就的背后，都离不开无数的优秀航天人才的不懈努力与奉献，他们以卓越的专业能力和无私的奉献精神，为中国航天事业的发展做出了不可磨灭的贡献。

"十四五"以来，航天科技集团实施五大工程：领导班子领航工程、创新领军人才培育工程、青年拔尖人才支持工程、高技能人才接力工程、高层次人才集聚工程，着力培养专业领域优秀人才，通过深入推进创新人才开发、科技领军人才培养、高技能人才接力等，不断创新人才培养支持模式，推动人才队伍结构不断优化、人才集聚力有效增强和人才效能不断提升。航天科技集团通过树立国家利益高于一切的理念和价值观，强化精神激励，用科技强国强军、提高国家综合实力的神圣使命去凝聚、激励全体职工，提升大家的荣誉感。

当前，中青年科技工作者成为中国航天事业的主力军。今天的中国航天科技队伍，门类完整、专业齐全、结构合理，是目前世界上最年轻的航天生力军。从神舟一号到神舟十九号、天宫空间站，从嫦娥一号到嫦娥六号，从风云气象卫星到北斗卫星导航系统、长征系列运载火箭……每一项任务，无不充满风险和挑战。承担上述任务的主力军是航天青年科技创新团队，探月、北斗组网、高分专项、载人空间站200余个子项目、子科目、子系统，千余名总设计师、总工艺师、总工程师，"80后""90后"是主力，他们挑起了中国航天发展的大梁，是中国航天事业后继有人、代代接续的无限希望。同时，航天事业的快速发展，也为技能人员追求卓越创造了机会，航天事业是培育大国工匠的土壤，使他们有了奉献自我的机会和成就自我的舞台。

中国的航天事业正在不断前进，作为航天事业的重要力量，航天工作者将肩负起开拓新领域的重任。他们不断创新和努力，不仅将推动中国航天事业的发展，还将为人类探寻宇宙奥秘、寻找外星生命等伟大梦想做出巨大贡献。随着科技的进步和人才的培养，中国航天事业必将在更远的宇宙深处书写新的篇章,无论是在科学研究还是技术创新领域,都将迎来崭新的机遇与挑战。

第三节　创新发展的人才基石

航天事业作为一个高科技密集型产业,始终处于技术发展的前沿。随着全球航天竞争日益激烈,创新能力已经成为各国航天事业成功与否的关键因素。在这一背景下,航天人才作为科技创新的引领者,通过开展前沿研究、攻克技术难题,不断推动航天技术的发展,进而为人类探索宇宙的伟大梦想提供了坚实的支持。

航天人才的培养和引进是航天事业发展的基石,科学家、工程师、技术人员等组成的多元化团队,使得中国的航天事业能在复杂的研究领域中勇立潮头。他们不仅具备扎实的专业知识,而且在具体工作中展现出强大的创新能力。在航天器设计、材料科学、信息处理等多个领域,航天人才不断推陈出新,开辟了一条技术发展之路。

现代航天任务往往涉及多学科交叉,因此,航天人才需要具备广泛的知识面。例如,航天器的设计不仅需要航空航天工程的专业知识,还需要材料学、力学、热学等学科的配合,甚至还要进行计算机科学和人工智能等新技术的应用。这样的综合素质,使得航天人才能够在设计、研发、测试等环节中,做到统筹考虑,从而推动航天科技的全面进步。

航天工程的实施是一项极其复杂和系统化的工程,需要多学科、多领域的紧密合作。作为航天工程的中坚力量,高素质的工程技术人才在各个环节中发挥着至关重要的作用,他们的职责不只限于某一个具体的阶段,而是贯穿整个项目生命周期,从最初的概念设计到最终的发射与运行，甚至包括后续的维护和数据分析。

设计阶段是航天工程的基础，这一阶段需要大量的理论计算和模拟分析，以确保设计的可行性和安全性。工程技术人员需要运用先进的科学知识和技术手段，对航天器的各个部分进行精密设计。例如，航天器的外形设计需要考虑空气动力学、结构强度和重量分布等多个因素，而每一个因素都需要专业人员进行反复的计算和优化。此外，航天器内部的电子设备、通信系统、推进系统等也需要各自领域的专家进行详细的设计和协调。设计阶段的任何一个疏忽都可能导致整个项目的失败，因此要求工程技术人员具备高度的专业素养和严谨的工作态度。

在制造阶段，工程技术人才同样扮演着不可或缺的角色。航天器的制造工艺极其复杂，需要严格控制每一个细节。材料科学专家需要选择和处理适合的材料，以确保航天器在极端环境下的稳定性和耐久性。机械工程师则负责制造过程中各个部件的精确加工和组装，任何微小的误差都可能影响整个系统的性能。此外，电气工程师和软件工程师则负责航天器内部各种电子设备和控制系统的安装和调试，确保其能够在发射和运行过程中正常工作。制造阶段的每一步都需要工程技术人员的高度配合和严谨执行，以确保航天器的质量和可靠性。

测试阶段是航天工程中另一个关键环节。在这一阶段，工程技术人员需要对航天器进行各种模拟实验和实际测试，以验证其设计和制造是否符合预期。测试内容包括结构强度测试、热真空测试、电磁兼容测试等多个方面，每一项测试都需要专业人员进行细致的准备和严格的执行。例如，热真空测试需要在模拟太空环境的条件下，测试航天器在极端温度和真空条件下的性能，这对测试设备和操作人员的要求都极高。测试阶段不仅需要发现和解决潜在的问题，还需要为航天器的实际运行提供宝贵的数据和经验。

发射阶段是航天工程中最具挑战性的环节，发射任务的顺利完成离不开工程技术人才的精心准备和紧密协作。发射前的各项准备工作需要多方面的协调，包括发射场地的选择和准备、发射窗口的计算和确定、航天器的最终检查和调试等。每一个细节都需要专业人员进行周密的考虑和安排。在发射过程中，工程技术人员需要密切监控各项参数，随时准备应对可能出现的紧急情况，任何一个环节的失误都可能导致发射的失败，因此要求所有参与人员具备高度的责任感和应变能力。

在航天器进入太空后的运行阶段，工程技术人员的作用同样不可或缺。他们需要对航天器进行实时监控和控制，确保其按照预定轨道和任务运行。运行过程中，可能会遇到各种复杂的情况和突发事件，例如设备故障、轨道偏移、外部环境干扰等。此时，工程技术人员需要运用专业知识和经验，迅速分析问题并采取有效措施，确保航天器的正常运行和任务的顺利完成。此外，航天器运行过程中获取的各种数据也需要进行详细的分析和处理，为后续的研究和工程改进提供依据。

除了上述各个阶段的具体工作，航天工程中的工程技术人员还需要具备严谨的科学态度和团队合作精神。航天工程是一项高度复杂的系统工程，涉及多个学科和领域，任何一个环节的疏忽或失误都可能影响整个项目的成败。所有参与人员都需要具备高度的责任感和严谨的工作态度，严格按照科学规律和操作规程进行工作。同时，航天工程的成功也离不开团队的紧密合作，工程技术人员需要与其他专业人员紧密配合，充分发挥各自的专业优势，共同解决各种复杂问题，确保项目的顺利进行。

航天工程的成功实施离不开高素质的工程技术人员，他们在设计、制造、测试、发射和运行等各个环节中发挥着关键作用，确保航天任务的顺利完成，是航天事业不可或缺的中坚力量。未来，随着航天技术的不断发展和应用领域的不断拓展，航天工程对高素质工程技术人员的需求将更加迫切，培养和造就更多优秀的工程技术人员将是航天事业持续发展的重要保障。

第四节 引领前行的精神力量

在中国航天事业的发展历程中，广大科技工作者迎难而上、接续奋斗，创造了一个个非凡业绩。2021年，党中央批准了第一批纳入中国共产党人精神谱系的伟大精神，其中就包括"两弹一星"精神、载人航天精神、探月精神、新时代北斗精神，这激励着航天科技工作者不断攀登新的高峰。

"两弹一星"精神表述为：热爱祖国、无私奉献，自力更生、艰苦奋斗，大力协同、勇于登攀。1964年10月16日，我国第一颗原子弹爆炸成功；1966年10月27日，我国第一颗装有核弹头的地地导弹飞行爆炸成功；1967年6月17日，我国第一颗氢弹空爆试验成功；1970年4月24日，我国第一颗人造地球卫星发射成功。

参与"两弹一星"研制的科技工作者，把个人的理想与祖国的命运紧紧联系在一起，把个人的志向与民族的振兴紧紧联系在一起，苦干惊天动地事，甘做隐姓埋名人。他们创造了"两弹一星"的奇迹，孕育形成了热爱祖国、无私奉献，自力更生、艰苦奋斗，大力协同、勇于登攀的"两弹一星"精神。"热爱祖国、无私奉献"是"两弹一星"精神的鲜明底色；"自力更生、艰苦奋斗"是"两弹一星"精神的立足基点；"大力协同、勇于登攀"是"两弹一星"精神的核心灵魂，诠释了我国集中力量办大事的制度优势。

"两弹一星"精神凝聚着科技工作者报效祖国的满腔热血和赤胆忠心,反映出他们坚定的理想信念和崇高的精神境界,是中国共产党人精神谱系的重要组成部分,成为全党全国各族人民在社会主义现代化建设道路上奋勇开拓的强大精神力量。

载人航天精神表述为:特别能吃苦、特别能战斗、特别能攻关、特别能奉献。几十年来,中国航天人艰苦创业、奋力攻关,取得了连战连捷的辉煌战绩,使我国空间技术发展跨入了国际先进行列。实施载人航天工程以来,广大航天人牢记使命、不负重托,培育铸就了特别能吃苦、特别能战斗、特别能攻关、特别能奉献的载人航天精神。"特别能吃苦"诠释了航天人热爱祖国、为国争光的坚定信念;"特别能战斗"诠释了航天人独立自主、敢于超越的进取意识;"特别能攻关"诠释了航天人攻坚克难、勇于登攀的品格作风;"特别能奉献"诠释了航天人淡泊名利、默默奉献的崇高品质。

探月精神表述为:追逐梦想、勇于探索、协同攻坚、合作共赢。从绕月拍摄到飞跃探测,从月背着陆到落月采样,探月工程六战六捷,"绕、落、回"三步走规划圆满收官。从2004年1月我国探月工程立项开始,参与研制建设的全体人员不畏艰难、勇于创新,创造了月球探测的中国奇迹,孕育形成了追逐梦想、勇于探索、协同攻坚、合作共赢的探月精神。"追逐梦想"是探月精神的活力源泉;"勇于探索"是探月精神的关键核心;"协同攻坚"是探月精神的根本支点;"合作共赢"是探月精神的时代特征。探月工程研制建设者身上所凝聚的探月精神,既是航天传统精神、"两弹一星"精神、载人航天精神的传承和延续,又具有鲜明的时代特征,成为我国航天事业在新时代不断取得新辉煌的巨大动力。

新时代北斗精神是:自主创新、开放融合、万众一心、追求卓越。自1994年启动北斗系统工程以来,北斗人奏响了一曲大联合、大团结、大协作的交响曲，孕育了自主创新、开放融合、万众一心、追求卓越的新时代北斗精神。"自主创新"是北斗导航工程的核心价值；"开放融合"是北斗导航工程的世界胸襟；"万众一心"是北斗导航工程的制胜基因；"追求卓越"是北斗导航工程的目标追求。

新时代北斗精神，是以爱国主义为核心的民族精神和以改革创新为核心的时代精神在航天领域的生动展示，是"两弹一星"精神、载人航天精神等科技战线红色基因在新时代的赓续传承，是中国精神极其鲜活、极其真切、极具特色的具体体现，是全体北斗人执着坚守的核心价值。

航天事业作为国家高科技领域的尖端代表，是一个国家综合国力的重要象征。中国航天事业从无到有、从弱到强，已经取得了举世瞩目的成就。这一过程中所体现的航天精神，成为激励一代又一代中国人不断追求卓越、勇攀高峰的强大动力。航天精神不仅是中国航天事业发展的核心动力，也是国家使命的重要组成部分，对国家的科技进步、经济发展、社会进步以及国际地位的提升具有深远影响。航天精神是中华民族在探索宇宙、发展航天事业过程中所形成的一种独特精神文化，其重要性不仅体现在科技进步和国家实力的提升上，更体现在它深深影响着社会的各个方面，激励着无数人不断奋斗、不懈追求卓越。

航天精神代表了无私奉献的崇高品质，航天事业是一项需要集体智慧和团队合作的系统工程，无数航天工作者默默无闻地在背后辛勤付出，他们舍小家为大家，不求回报，只为实现国家的航天梦想。这种无私奉献的精神，激励着我们在日常生活和工作中，愿意为集体利益、社会进步贡献自己的力量。

航天精神体现了追求卓越的创新精神，在航天领域，每一个小小的进步都需要无数次的实验和不断的创新。中国航天人在面对技术难题时，始终保持着严谨细致的工作态度和锲而不舍的科研精神，勇于探索未知，敢于攻克难关。这种精神促使我们在任何行业、任何岗位上，都要追求卓越，勇攀高峰，不断创新，推动社会进步。

航天精神强化了团队协作的重要性，航天任务的复杂性和高风险性，决定了它绝不是某一个人或某一小部分人可以完成的，而是需要强大的团队合作。航天工作者们相互配合，通力合作，共同面对挑战，形成了一种强大的凝聚力和战斗力，这种团队协作的精神，不仅仅适用于航天领域，也同样适用于我们生活和工作的方方面面，提醒我们在面对困难时，团结一心、合作共赢。

航天精神增强了民族自豪感和国家荣誉感，每一次航天任务的成功，都象征着国家科技实力的提升和民族复兴的进步。当我们看到中国的航天器在浩瀚的宇宙中穿梭，看到五星红旗在月球表面迎风飘扬，心中油然而生的自豪感是无法言喻的，这种民族自豪感和国家荣誉感，激励着我们每一位中华儿女，为了国家的繁荣昌盛而不懈努力，奋斗不息。

航天精神所激发的创新动力和团队协作精神，为国家经济发展注入了新的活力，提升了国家的国际竞争力，航天精神的传播和弘扬，对社会风气的净化和提升具有重要作用，航天人的无私奉献、追求卓越、团队协作和勇于探索的精神，成为全社会的榜样和楷模，这种精神激励着人们在各自的岗位上兢兢业业、无私奉献，为社会的和谐发展和进步贡献自己的力量。同时，航天事业的成功实施和技术突破，也增强了全社会的自信心和凝聚力，激发了人们对未来的无限憧憬和追求。

航天事业的发展和成就，是国家综合实力的重要体现。中国航天事业的快速发展和一系列重大突破，不仅提升了国家的科技水平和经济实力，也增强了国家的国际影响力和话语权。航天精神的体现和传播，不仅展示了中华民族的优秀品质和奋斗精神，也赢得了国际社会的尊重和认可，提升了国家的国际地位和形象。

航天精神作为中华民族在探索宇宙、发展航天事业过程中所形成的独特精神文化，是中国航天事业不断发展的重要动力，也是实现国家使命的重要精神支撑。航天精神激励着无数人不断奋斗、不懈追求卓越，推动着国家的科技进步、经济发展、社会进步和国际地位的提升。在新时代，航天精神的弘扬和践行，对实现中华民族伟大复兴、建设科技强国、促进国际合作与和平利用太空具有重要意义。

建设科技强国是实现中华民族伟大复兴的重要支撑，航天事业作为国家科技创新的前沿领域，承担着引领科技进步和推动经济社会发展的重任。航天精神所体现的创新精神和团队协作精神，为科技强国建设提供了重要的精神支撑和动力源泉。通过不断推进航天技术的创新和突破，可以带动相关领域的科技进步，提升国家的科技创新能力，为建设科技强国奠定坚实基础。

航天事业的发展不仅仅是国家竞争力的体现，也为国际合作与和平利用太空提供了广阔平台。中国坚持和平利用太空，积极参与国际航天合作，与多国开展卫星发射、空间站建设等方面的合作，为全球航天事业的发展贡献了中国智慧和中国力量。航天精神所体现的开放合作精神，推动了国际航天领域的交流与合作，促进了全球和平与发展的共同目标。

下编

美美与共:中国航天美学的绚丽画卷

第六章　智领未来的科技之美

中国在航天科技领域展现出独特的魅力和实力，从载人航天到月球探测，再到火星着陆，每一次飞跃都是对科技之美的极致追求。科技之美，不仅体现在航天器的精密设计和复杂工艺上，更体现在人类对宇宙奥秘的探索和对未知世界的无限向往中。中国航天的科技之美，是设计师夜以继日的辛勤汗水，是工程师对宇宙真理的不懈追求，是亿万中国人民对航天事业的自豪与支持。在航天科技的引领下，人类能够解开更多宇宙的奥秘，拥有更加美好的未来。从美学的角度来看，中国航天的科技之美，是一种动态与静态的和谐统一，它将人类智慧的结晶与宇宙的浩瀚无垠相结合，展现了人类对美的追求和对未知的探索。这种美不仅体现在航天器的外观设计上，更体现在其功能与效率的完美融合，以及在探索过程中所展现出的人类勇气与智慧。每一次航天任务的成功，都是一次人类智慧与宇宙之美的深刻对话，是对人类文明进步的一种美学诠释，也是对人类精神的一场崇高颂扬。

第一节　中国"长征"：问鼎苍穹的星河神箭

1970年4月24日，承载着东方红一号进入太空的，正是我国第一枚运载火箭——长征一号。这枚火箭起飞质量为81.5吨，起飞推力约104吨，箭长29.46米，最大直径2.25米，算得上是一个庞然大物。与只能飞到8000米的探空火箭相比，它能飞得更高、更远。长征一号火箭的研制成功，标志着中国成为世界上第五个能够自行研制并发射人造地球卫星的国家。长征一号火箭成功将东方红一号卫星送入近地点441千米、远地点2368千米、倾角68.44度的椭圆轨道，并且一直到今天还在轨道上飞行。

东方红一号卫星从发射起便站上了一个高起点，卫星总质量为173公斤，超过了前四个国家发射第一颗卫星的重量之和，东方红一号卫星的研制发射，使我国初步形成了比较完整配套的"人造卫星+运载火箭"的科研生产体系，奠定了中国航天事业前进发展的重要基础。在研制发射过程中，科研人员攻克了火箭级间连接和分离技术、末级火箭观测裙设计、卫星天线释放和展开、仪器舱罩镀金、热真空模拟实验、红外地平仪的研制和试验等一系列技术和工艺难关，并在跟踪测轨技术、信号传送方式、热控制技术等方面超过了其他国家发射首颗卫星时的水平。

"搞东方红一号的时候，我们没用一个外国的元器件，都是中国人自己造的。"被称为"神舟之父"的空间技术专家戚发轫院士说。长征一号火箭的成功一举拉开了中国人探索宇宙奥秘、和平利用太空、造福人类的序幕。1971年3月3日，长征一号跃上苍穹还不到1年时间，科研人员又把实践一号科学实验卫星送上太空，这是长征一号的第二次也是最后一次飞行，为它的太空之旅画上完满的句号。

长征火箭系列的发展史，是一部波澜壮阔的史诗，它记录了中国航天技术的辉煌成就，映照了中华民族的美学追求和文化自信。长征一号运载火箭，它所承载的不仅是东方红卫星，更是一个民族的希望与梦想，它的成功发射，如同一位勇敢的先驱，打开了中国探索宇宙的大门，为后续的长征系列火箭铺就了前进的道路。

2016年11月3日，长征五号火箭在文昌航天发射场成功首飞，浓缩了中国火箭研制最高水准的最大推力新一代运载火箭长征五号从文昌航天发射场撼地升空。作为中国运载火箭升级换代的里程碑工程，长征五号的工程技术跨度、攻关难度以及任务实施规模在我国运载火箭研究史上堪称之最。长征五号火箭的成功首飞,将中国送入包括美国和俄罗斯在内的世界主流火箭阵营,全世界都为之震撼。

按照运载能力,运载火箭可分为小型、中型、大型和重型四类。我国一般将近地轨道运载能力为2吨及以下的火箭称为小型运载火箭,近地轨道运载能力为2~20吨的火箭称为中型运载火箭,近地轨道运载能力为20~50吨的火箭称为大型运载火箭,近地轨道运载能力为50吨及以上的火箭称为重型运载火箭。

长征五号是划时代的一枚火箭,于2006年正式立项,经过了10年的工程研制。在此之前,我国仅有长征一号至长征四号中型运载火箭,运载能力分别为近地轨道(LEO)运载能力7.6吨、太阳同步轨道(SSO)运载能力3吨、地球同步转移轨道(GTO)运载能力5.5吨,大型火箭领域空白。而同期,世界主要航天强国均推出了各自的新一代运载火箭,美国宇宙神5系列火箭GTO的运载能力介于3.8吨到8.7吨之间,美国德尔塔4重型火箭LEO的运载能力超过28吨、GTO的运载能力为14.2吨,俄罗斯安加拉系列火箭LEO最大运载能力可达24.5吨,欧洲阿里亚娜5型火箭LEO运载能力可达到21吨、GTO运载能力可达到10.5吨等,甚至在此基础上开始实施各自下一代主力火箭更新计划,我国火箭的运载能力和整体技术水平与国外先进水平的差距进一步拉大。

同时,我国上一代火箭基础级普遍采用四氧化二氮和偏二甲肼的有毒推进剂,且发射场均在内陆,火箭残骸降落区安全问题突出,火箭的可靠性、安全性、适应性、环境友好性等亟待提升。然而,要加大火箭的运力并不容易,大型运载火箭离不开大推力,而大推力离不开发动机。在中国航天界,有两句话被奉为圭臬,即"发展航天,运载先行""运载发展,动力先行"。动力系统是火箭之本,大推力的发动机,是运载火箭的技术核心。

为了助推总长约 57 米、起飞重量近 900 吨的长征五号火箭，动力系统采用两级半构型。运载火箭芯一级采用直径 5 米液氧液氢箱自生增压、循环预冷和 0 秒脱落气液连接器方案，设置两台地面推力 50 吨级的 YF-77 液氧液氢发动机。助推器采用直径 3.35 米煤油箱常温氦增压、液氧箱氦加温闭式增压与循环预冷和 0 秒脱落插拔供气连接器方案，设置 2 台地面推力 120 吨的 YF-100 液氧/煤油发动机。芯二级采用直径 5 米液氢箱自生增压、直径 3.35 米悬挂液氧箱冷氦加温增压、一、二级统一供配气和 0 秒脱落紧急排氢连接器方案，设置 2 台真空推力 9 吨级的 YF-75D 发动机，可两次起动。芯二级同时设置一套常规辅助动力系统用于滑行段姿态控制与推进剂管理、末速修正和箭体钝化。

研制队伍迎难而上、攻坚克难、勇于创新，突破了以大直径箭体结构设计制造与试验、三型大推力发动机等为代表的 12 大类 247 项关键技术，开展了各类地面试验 2100 余项、7000 余次。解决了复杂热力环境、大质量多干扰分离、大推力火箭发动机燃烧不稳定抑制及低温 POGO 抑制等世界性难题，掌握了一批具有自主知识产权的新技术，其运载能力、运载效率等重要性能指标均居世界前列。

长征五号首飞成功后，世界其他几个航天大国均将长征五号火箭与当时世界上性能最高、能力最强的大型火箭——美国的德尔塔 4 火箭相提并论，认为长征五号火箭的技术指标与德尔塔 4 火箭并驾齐驱。甚至超过了欧洲的阿里亚娜 5 型火箭和计划于 2020 年发射的阿里亚娜 6 型火箭，"这是改变游戏规则的一次发射"，是"中国航天的新篇章"。

长征五号系列火箭取得了令人瞩目的成就。现役长征五号火箭共有两个基本构型，首飞构型为二级半最大构型，即长征五号运载火箭（简称长五火箭，CZ-5），一般用于发射高轨道的大型卫星以及各类深空探测器，地球同步转移轨道（GTO）能力达到 14 吨级。其一级半构型长征五号 B 运载火箭（简称长五 B 火箭，CZ-5B）也于 2020 年 5 月 5 日首飞圆满成功。其近地轨道（LEO）最大运载能力达到 25 吨级，主要用于发射近地轨道的大型卫星及飞船，长五 B 火箭是目前世界上在役火箭中唯一一型一级半直接入轨的火箭，也是我国目前近地轨道运载能力最大的新一代运载火箭。

2020 年 7 月 23 日，长五火箭（CZ-5）在海南文昌航天发射场点火起飞，成功将天问一号火星探测器送入预定轨道，此次发射是长征五号运载火箭首次应用性发射；11 月 24 日，又成功发射了嫦娥五号月球探测器；2024 年 5 月 3 日，再次成功将探月工程四期嫦娥六号探测器送入预定轨道。

2021 年 4 月 29 日，长五 B 火箭（CZ-5B）将天和核心舱发射升空，准确送入预定轨道，助力中国空间站在轨组装建造全面展开。2022 年 7 月 24 日，长五 B 火箭成功发射空间站第二个舱段问天实验舱。2022 年 10 月 31 日，长五 B 火箭成功发射梦天实验舱，完成我国空间站"T"字基本构型在轨建造任务。两年间，长五 B 火箭用连续三次的圆满成功向世界宣告：属于中国人的空间站时代已经到来。

在未来，要实现载人登月和载人着陆火星以及重大的深空探测等目标，就需要重型运载火箭。目前，中国运载火箭技术研究院已经启动重型运载火箭长征九号（CZ-9）的关键技术研制，主要攻坚核心仍然是发动机技术，从而实现重型火箭起飞推力在长征五号大型火箭 1000 吨的基础上提升至 3000 吨以上的目标，这无疑是一步巨大的跨越。

长征九号将采用直径达 9 米的芯级火箭和周围对称地捆绑着 4 个直径为 3.35 米的助推器而组成。芯级一级为 4 台液氧煤油发动机

YF-460，每台推力为 460 吨；二级为一台推力 220 吨的液氧液氢发动机 YF-220，每个助推器各装一台 YF-460 发动机。火箭总体为两级半结构，全长近 100 米，起飞质量达到 3000 吨。发射时芯级一级和四台助推器同时点火，起飞推力达到 3680 吨，近地轨道运载能力达到 100 吨以上，地月转移轨道运载能力至少 50 吨，与美国多次成功发射阿波罗载人登月飞船的土星五号火箭运力相近。可以预见，长征九号火箭未来不仅将完成我国载人登月的壮举，它的衍生型号还可用于近地轨道或是静止轨道的超大载荷发射任务，或是一箭多星发射大型通信卫星，从而将把我国运载火箭技术水平提高到一个新的高度。

人类探索太空的能力，基本上取决于火箭的推力。随着人类探索脚步的不断延伸，深空探测已成为人类探索浩瀚宇宙的重要方向，进军太空的旅程又赋予了"长征"系列运载火箭一个新的含义——突破群星间的距离，将是一场更加遥远艰险的长征，但我们依然对广袤的宇宙心驰神往。

第二节　中国"神舟"：遨游星海的逐梦飞船

1992 年 9 月 21 日，党中央决策实施"921 载人航天工程"，建立了载人航天"三步走"的发展战略：第一步，发射载人飞船，建成初步配套的试验性载人飞船工程，开展空间应用实验；第二步，突破航天员出舱活动技术、空间飞行器交会对接技术，发射空间实验室，解决有一定规模的、短期有人照料的空间应用问题；第三步，建造空间站，解决有较大规模的、长期有人照料的空间应用问题。

神舟飞船也不负重托。

第一阶段，通过神舟一号到神舟四号四次无人飞行任务，以及神舟五号、神舟六号载人飞行任务，我国突破和掌握了载人天地往返技术，成为第三个具有独立开展载人航天活动能力的国家，实现了载人航天工程第一步的任务目标。

第二阶段，通过实施神舟七号飞行任务，以及天宫一号与神舟八号、神舟九号、神舟十号交会对接任务，我国突破和掌握了航天员出舱活动技术和空间交会对接技术，建成我国首个试验性空间实验室，标志着工程第二步第一阶段任务全面完成。通过实施长征七号首飞任务，以及天宫二号与神舟十一号、天舟一号交会对接等任务，工程第二步任务目标全部完成。

第三阶段，通过实施长征五号B运载火箭首飞，天和核心舱、问天实验舱、梦天实验舱，4艘载人飞船及4艘货运飞船，共12次飞行任务，天宫空间站于2022年年底全面建成，工程随即转入应用与发展阶段，全面实现了载人航天工程"三步走"的发展战略目标。

1999年11月20日，神舟一号壮丽升空，开启了中国载人航天事业波澜壮阔的史诗篇章。作为中国载人航天的开篇之作，它的成功发射，标志着中国成为世界航天强国之林的一员。

2003年10月，神舟五号航天员杨利伟从这里出发，踏上首次飞天圆梦的征程，第一次在浩瀚太空留下属于中国人的足迹，实现了中华民族千年飞天梦想。

2005年10月，神舟六号航天员费俊龙、聂海胜在大雪纷飞的寒夜里出征太空，顺利完成多人多天载人飞行，标志着载人航天工程"三步走"战略的第一步圆满完成。

2008年9月，神舟七号航天员翟志刚、刘伯明、景海鹏领命出征，完成中国航天员的首次出舱。

2012年6月，神舟九号航天员景海鹏、刘旺、刘洋完成与天宫一号的手控交会对接任务。刘洋成为进入太空的第一位中国女航天员。

2013年6月，神舟十号航天员聂海胜、张晓光、王亚平出征太空，王亚平作为首位太空教师，为全国6000多万名中小学生太空授课。

2016年10月，神舟十一号任务，第三次飞天的景海鹏和航天员陈冬顺利完成33天中期驻留，开展了大量科学实验，跑完了"三步走"战略第二步的最后一棒。

2021年6月，神舟十二号航天员聂海胜、刘伯明、汤洪波进驻天宫空间站天和核心舱，完成3个月的太空驻留，中国人首次进入中国自己的空间站。

2021年10月，神舟十三号航天员翟志刚、王亚平、叶光富开启长达6个月的在轨工作生活，首次在太空度过春节。王亚平成为中国首位执行出舱任务的女航天员。

2022年6月，神舟十四号航天员陈冬、刘洋、蔡旭哲出征太空。在轨6个月，他们先后经历了多型航天器来访、空间站"T"字基本构型组装完成、航天员太空会师等历史时刻，被网友称为"最忙乘组"。

2022年11月，神舟十五号航天员费俊龙、邓清明、张陆飞向"太空家园"，邓清明在成为航天员25年后首次飞天。他们见证了空间站建成的圆梦时刻，也将成为开启载人航天新阶段、新时代的先行者。

2023年7月，经过约8小时的出舱活动，神舟十六号航天员景海鹏、朱杨柱、桂海潮密切协同，在空间站机械臂支持下，完成出舱活动全部既定任务，出舱活动取得成功。

2023年12月，经过约7.5小时的出舱活动，神舟十七号航天员汤洪波、唐胜杰、江新林密切协同,完成了天和核心舱太阳翼修复试验等既定任务,出舱活动取得圆满成功。

2024年4月,神舟十八号与中国空间站天和核心舱对接形成组合体。神舟十八号飞行乘组航天员叶光富、李聪、李广苏在轨驻留192天期间,进行了2次出舱活动,刷新了中国航天员单次出舱活动时间纪录,完成了空间站空间碎片防护装置安装和多次货物出舱任务,先后开展了舱内外设备安装、调试、维护维修等各项工作,为空间站长期稳定在轨运行积累了宝贵的数据和经验。

2024年12月,经过9小时的出舱活动,神舟十九号乘组航天员蔡旭哲、宋令东、王浩泽密切协同,在空间站机械臂和地面科研人员配合支持下,完成了空间站空间碎片防护装置安装、舱外设备设施巡检及处置等任务。出舱活动取得圆满成功,再次刷新中国航天员出舱活动时长纪录。

作为系统最复杂、科技最密集、创新最活跃的科技工程之一,载人航天工程涵盖了力学、天文学、地球科学、航天医学、空间科学等众多科学领域,涉及系统工程、自动控制、计算机、航天动力、通信、遥感、新能源、新材料等诸多工程技术,是当之无愧的国家科技成果的"集大成者"。

载人航天,成败系于毫发,质量重于泰山。载人航天工程立项之初有7大系统,到空间站阶段时,已增加至14大系统、上百个分系统,参与单位多达上千家,涉及数十万科研工作者。在这个载人航天的庞大系统里,每一颗螺丝钉、每一个焊点的质量都直接关系着航天员、解放军官兵、员工及人民群众的生命安全,只有每个人都将万分之一的职责化作百分之百的使命,才能保证大国重器正常运转、万无一失。

为什么30年来载人航天能取得连战连捷的战绩?是因为我国航

天科技工业遵循"从源头抓起、预防为主、全过程控制、系统管理"的原则以及对于零缺陷的不懈追求。在这一信念的指引下，我们逐步探索并有效实施了一套科学、先进且具有中国航天特色的型号研制生产全过程的控制方法。

神舟飞船作为航天员前往太空的运载工具，肩负着双重使命：一方面要确保航天员的安全，另一方面则要满足航天员在太空旅行中的各项需求并保障其舒适度。为了达到这一目标，科研团队倾注了极大的努力，对设计方案进行了精细的优化。

航天科技集团五院载人飞船系统总体主任设计师张福生介绍，安全性、可靠性是载人飞船的工作重点。以返回为例，科研团队首先进行了返回轨道的设计，让返回舱与大气相切的角度像打水漂一样，让航天员身体承受的过载降到最低。此外，科研团队还设计了程控器和机械式时间控制器，确保返回舱降落伞在既定的高度打开，又设置了主伞和备伞，保证伞打开后返回舱的速度降到指定的范围内。针对着陆阶段，他们在舱内设计了座椅缓冲器，在舱外设计了反推发动机，在距离地面1米高度的时候把降落速度从7~8米/秒有效降低到2~3米/秒。

航行过程中的舒适性也至关重要。为此，科研团队一直在进行技术改进和创新，首先就是大幅缩短了航天员乘坐飞船的时间，从2天缩短为6.5小时。为了确保这一点，科研团队为每位航天员定制了个性化的赋形减震坐垫，确保航天员在长时间的太空旅行中，身体与座椅能够完美贴合，从而提升乘坐的舒适性。在飞船发射和返回过程中，航天员的身体被牢牢束缚在座椅上，身体不能前倾以完成对仪表板上各设备的操作，为解决这一难题，操纵棒应运而生。碳纤维材料操纵棒是航天员手臂的"延长器"，操纵棒把手是根据航天员手掌正常抓握状态进行赋型设计的，外部轮廓曲面完美贴合航天员掌心，极大满足航天员操作过程中的舒适度要求。操纵棒杆体设计为可无极伸缩式，航天员可以根据现场条件在一定范围内任意调整操纵棒的长度。同时杆体采用高强度碳纤维材料，比强度高，手感舒适。

在飞向空间站的过程中，神舟飞船的舱内环境对航天员有着直接的影响。温度、湿度让人感觉舒不舒服，舱内噪声大不大，设计人员对这些方面都进行了严密的考虑。环控分系统充当着空气净化器的角色。它的环控风机和泵主要用于让舱内的大气循环流动，使温度、湿度都保持均匀，并提供氧气，同时控制舱内二氧化碳和其他微量有害气体的浓度，此外还在微重力环境下进行大小便收集和除臭，保障航天员生命安全和身体健康。

飞船的关键环节都进行了冗余的备份设计，不会出现由于一台设备突然失效，就导致整个航天员的生命安全受到威胁的情况。同时我们对于所有的这种危险源，包括火工品、高压气体都做了严格的过程控制来确保它的绝对安全。

飞船具备全自主轨道控制，具备自主诊断和故障处置能力，提高自主运行能力，可大幅简化地面飞控支持保障工作。如果飞船自主飞行过程中发生紧急故障，神舟飞船可以随时应急返回地球，既可以在地面人员的控制下计算返回参数，也可以由飞船自主控制返回。神舟飞船在与空间站天和核心舱自动对接过程中，如果发生相对位置、相对姿态的测量控制设备故障，导致不能进行自动对接时，神舟飞船可转由航天员手动控制飞船完成对接。在停靠空间站期间，如果空间站发生严重威胁航天员生命的事故，神舟飞船具备随时紧急撤离空间站，安全返回地球的能力。

逃逸与应急救生是载人航天飞行任务最特殊的需求。长征运载火箭发射神舟飞船共设计大气层内和大气层外两类应急救生模式。运载火箭负责逃逸塔研制，整流罩上安装栅格翼增强气动稳定性，逃逸塔上配置5型固体发动机提供逃逸动力。历次载人发射任务中运载火箭均顺利入轨,逃逸塔均正常分离,确保了载人飞行任务的安全。

神舟飞船的每一次出征,都如同星辰大海中的灯塔,照亮了人类探索宇宙的征途,展现了中国航天的宏伟蓝图和辉煌成就。这是一段属于中国的航天传奇,是一曲响彻太空的人类赞歌,是一篇气势磅礴的宇宙史诗。

第三节 中国"北斗":闪耀星际的国之重器

自古以来,中国人依靠北斗七星辨认方向,分辨四季,它如同一盏永恒的灯塔,指引着人们穿越历史的迷雾,探索未知的世界。如今,随着科技的发展,"北斗"这一名字被赋予了新的含义——中国自主研发的全球卫星导航系统,它不仅是国之重器,更是闪耀在星际的科技之光。

北斗卫星导航系统简称 BDS(Beidou Navigation Satellite System,又称 COMPASS),是中国自行研制的全球卫星导航系统,也是继全球定位系统 GPS(Global Postioning System)、伽利略卫星导航系统 GLONASS(Galileo Satellite Navigation System)之后的第三个成熟的卫星导航系统。其发展背景是中国着眼于国家安全和经济社会发展需要,自主建设运行的全球卫星导航系统,致力于为全球用户提供全天候、高精度的定位,导航和授时服务的国家重要时空基础设施。

1994 年,中国科学院院士孙家栋与时任国防科工委副主任的沈荣骏联名向国家提出建议,北斗一号工程正式立项,我国开始了漫长的研制工作。俗话说万事开头难,1994 年,改革开放不到 20 年,中国的经济基础十分薄弱,资金有限、人才匮乏、技术经验不足,还面临着美国和欧盟的技术禁运。

导航卫星组网是实现全球精确导航的关键。从根本上说，要想实现定位功能，首先要在太空中至少布置 3 颗导航卫星。它们不断地向地球发射电磁波信号，我们利用导航设备接收信号，信号在一发一收之间产生的时间差乘以电磁波的传播速度（等同于光速），便可以计算出我们与卫星的距离。这 3 颗导航卫星所构成的 3 个球面相交后，可得到 A、B 两交点，A、B 点都可能是我们的位置。而两点之中，仅有 B 点位于地表附近，于是便锁定了我们唯一的位置。如果只有一两颗卫星，是做不到这一点的。这就是卫星导航的秘密，即三球交会定位原理。在实际操作中，各种各样的误差不可避免。为消除误差，往往还需要第 4 颗卫星的辅助。而为了保证时刻接收到 4 颗及以上卫星的信号，卫星总数往往要远远多于 4 颗。然而，这对当时国内的技术条件而言，几乎是不可能实现的梦想。那么能不能用更少的卫星完成目标？

中国科学院院士、"两弹一星功勋奖章"获得者陈芳允院士给出了答案：由两颗卫星组成双星定位系统。他提出，在地面设置一个导航系统的"大脑"，即地面控制中心，利用地面控制中心，人们可以在地球周围设置一个虚拟的球体，并通过控制中心、卫星、用户三者之间的交互，计算得到用户的位置。可即使只需要两颗卫星，这也是一项极其艰难复杂的工程。从 1994 年方案获得正式立项，到 2000 年北斗一号的两颗卫星成功入轨，无数科研人员奋战 6 年，终于梦想成真，北斗一号的两颗卫星实现了亚太区域性卫星导航服务，中国的导航系统实现了从无到有的跨越。

北斗计划"三步走"战略：第一步，2000 年，建成北斗一号系统（北斗卫星导航试验系统），为中国用户提供服务；第二步，2012 年，建成北斗二号系统，为亚太地区用户提供服务；第三步，2020 年，建成北斗全球系统，为全球用户提供服务。

2003年和2007年北斗一号系统各发射的一颗备份卫星，进一步增强了系统性能，至此实现覆盖国内区域性定位服务。截至2007年，四颗实验卫星的发射升空，标志着第一阶段北斗一号正式完工，表明我国在军事领域方面已经一定程度上摆脱了对GPS的依赖。

于是北斗二号开始了紧锣密鼓地研发，中国正式踏上了建设第二代北斗卫星导航系统的征途。在攻克了星载原子钟的核心技术难题之后，中国又在与欧盟伽利略卫星导航系统的频率之争中拔得头筹——当时国际电信联盟分配给卫星导航系统的频率资源是有限的，其分配原则是先发先得，在GPS与伽利略卫星导航系统先后占据最优频率后，北斗二号系统与伽利略卫星导航系统同擂竞争次优频率。

在攻克了种种难关之后，我们最终先于伽利略卫星导航系统将卫星发射升空，保住了这来之不易的宝贵频率。到了2012年，我们已经成功发射了16颗卫星，对亚太地区实施了全覆盖。尤其是在2012年4月30日4点50分，我国突破了技术的限制，首次以"一箭双星"的方式发射了两颗卫星，2012年12月，北斗二号系统建成并提供服务，这是北斗系统发展的新起点。相较于北斗一号，北斗二号不仅囊括了北斗一号原有的系统技术，还增加了许多性能，比如无源定位体制。在北斗二号的建设与运行过程中，我们积累了大量的技术和经验，于是有了更大胆的想法，即把北斗系统送出国门，送出亚太，投向世界。

2015年3月，首颗北斗三号系统试验卫星发射，标志着北斗三号正式启动建设。2017年11月5日北斗三号进行了首次发射，标志着北斗导航系统开始步入全球组网时代。2018年12月27日，北斗三号系统基本建设完成，预备开始提供全球服务。2020年6月23日9时43分发射的最后一颗北斗组网卫星，是北斗三号第32颗卫星，同时也是第55颗北斗全球组网卫星，这颗"收官之星"的成功发射，标志着由 3 颗地球静止轨道卫星、3 颗地球倾斜同步轨道卫星和 24 颗中圆轨道卫星组成的北斗三号全球卫星导航系统星座部署最后一步完成。2020 年 7 月，北斗三号系统正式开通全球服务，"中国的北斗"真正成为"世界的北斗"。

北斗卫星导航系统所提供的服务包括开放服务和授权服务两种方式。开放服务是向全球免费提供定位、测速和授时服务，定位精度 10 米，测速精度 0.2 米/秒，授时精度 10 纳秒；授权服务是为有高精度、高可靠卫星导航需求的用户提供定位、测速、授时和通信服务以及系统完好性信息。

全球卫星导航系统本质上是一个时间同步系统，系统的时间基准是影响整个系统定位授时精度的关键因素，天地时间越同步，误差越小，定位的精度就越高。在现有建成使用和在建的卫星导航系统中，高精度原子钟（或称为量子频标）是实现系统定位授时精度的基础与核心设备。

北斗导航卫星工程取得的重要成果之一就是成功研制了星载铷钟，集智攻关解决了星载铷钟的寿命评估、力学试验、温度敏感性、真空下与常压下性能参数差异、长期稳定度测试考核等问题，经在轨验证表明：在轨国产北斗星载铷钟性能指标在天稳 10～14 量级，即每 300 万年才会差一秒，达到了国际先进水平。

1997 年，北斗星载铷钟团队接到研制北斗星载原子钟的任务，当时，星载原子钟技术仅为美国等少数国家掌握，在我国属于技术空白。面对欧美的技术封锁，只能走自主研发这一条路。

2006 年，我国第一台星载铷钟产品随实践 8 号卫星成功发射且在轨工作正常；2009 年起，我国发射的北斗二号导航卫星上均配置有国产铷钟，星载铷钟为北斗导航系统的功能、性能指标的实现奠定了基础。此后，国产铷钟研究团队不断实现技术攻关，取得了"两首""两发"等系列科技创新成果：首次给出了铷钟频率稳定度完整数学表达式，揭示稳定度与原子信号信噪比、原子体系环境敏感性之间的定量关系，为高性能铷钟设计提供了理论依据。

北斗星载铷钟团队首创高品质微波腔、高光谱纯度抽运光源和光学及同位素双重滤光技术。发明了低噪声频率合成技术，解决了有源器件附加噪声高、偶次谐波抑制效率低的问题。发展了系统的设计和工作参数优化技术，克服环境敏感性对长期稳定度的影响。同时，建成了以自研设备为主的研制生产线，形成了高性能星载铷钟整机设计、制造批产能力。该技术成果推进了我国铷原子钟技术进步，助力建成"国际一流"北斗三号系统。

现如今，北斗系统在军事、抗震救灾、生产、生活等诸多领域都有广泛应用，北斗系统已经深入到我们身边每一个角落。北斗技术的发展也日新月异，与国际先进水平的差距越来越小。相信经过我国科学家的努力奋斗，不久的将来，我国的北斗系统会赶超国际先进水平，功能更加完善，应用更加普及，它将会具有更高的精度、更强的抗干扰能力、更大的覆盖区域和更多的应用场景。

第四节　中国"天宫"：筑梦寰宇的太空家园

2022年年底，中国完成了天宫空间站的在轨建造，取得了举世瞩目的航天成就，天宫空间站从规划到建造的每一步，都是中国航天人对科技自立自强的生动诠释。深入探究天宫空间站的建造历程，其背后蕴藏着中国航天人不屈不挠、独立自主进行科技攻关的厚重史诗之美。

在经过长期的技术储备和充分论证之后，中国于2008年正式启动了"天宫工程",旨在建造并发展属于我们自己的空间站。该项目的最终目标是在低地轨道上自主建立一个长期驻留的大型空间站,其规模在 60～180 吨量级。这一宏伟计划分为两个阶段实施:试验阶段从 2011 年开始,持续至 2020 年,其间包括天宫一号目标飞行器和天宫二号空间实验室的发射与运营;2020 年之后,中国着手正式组建永久性的天宫一号空间站。

面对最尖端的技术、最复杂的系统、最严密的封锁,中国航天人始终自立自强,独立自主地完成了天宫空间站从设计、制造到测试的全过程,先后攻克了近 20 项系统级关键技术难题,突破了一大批具有自主知识产权的核心技术,填补了 100 多项技术空白。这些技术主要包括:载人飞船返回控制技术、飞船返回舱气动外形设计、返回舱舷窗防热与密封结构技术、主动特大型降落伞技术、着陆缓冲技术、飞船流体冷却回路系统方案与微重力下热交换技术、飞船动力学分析与试验技术、可靠性指标验证技术、整船地面测试故障模拟再现及诊断技术、舱门机构和座椅缓冲系统、连接与分离机构技术、飞船的制导(Guidance)、导航(Navigation)与控制(Control)分系统,简称"GNC 分系统"。此外,还突破了多项关键性生产技术。

天宫一号是中国第一个空间实验室,于 2011 年 9 月 29 日发射升空。这标志着中国进入了建立自己空间站的新阶段。天宫一号的主要目标是验证与空间站建设相关的关键技术,例如,航天员长期驻留、空间生活保障系统、空间科学实验等。虽然天宫一号只进行了为期 15 天的载人航天任务,但它为中国后续空间站的发展打下了坚实的基础。

接着中国于 2016 年 9 月 15 日发射了天宫二号,这是一个更大、更先进的空间实验室。天宫二号的任务是进一步验证和完善空间站的技术,为建造永久性的空间站做好准备。天宫二号的航天员任务延长到了30天，远比天宫一号的15天有所增加，这为中国航天员在空间中进行更多、更复杂的科学实验和技术测试提供了充裕的时间。天宫二号也成功进行了空间交会对接、航天员的长期驻留以及空间实验等一系列任务，为天宫空间站的建造和运营积累了宝贵的经验。

天宫一号和天宫二号空间实验室的成功使中国在空间领域获得了重要的技术和经验积累，为后续建造天宫空间站奠定了坚实的基础。这两个实验室的飞行任务不仅验证了中国航天技术的可靠性，还为中国航天员在太空中生活、工作和研究提供了宝贵的机会。通过这些实验室的成功，中国展示了自己在太空探索领域的实力和决心，为未来的航天目标奠定了坚实的基础。

2021年年初，乍暖还寒时，决战空间站建造的冲锋号吹响了。从辽阔的大漠戈壁到遥远的天涯海角，从繁忙的生产车间到遍布各地的测控站点……这是中国航天史上规模最大、难度最高、节奏最快、参与单位最多的一场"大会战"：我国决心在2年内完成11次飞行任务，建成天宫空间站。

天宫空间站的核心模块天和核心舱，于2021年4月29日发射升空，这标志着天宫空间站的建造正式启动。核心舱是天宫空间站的中枢，它好比是大树的树干，其他的舱段都会安装在它的接口上，它也是航天员长期驻留的主要生活场所。此外，天和核心舱还具备交会对接、转位与停泊、乘组长期驻留、航天员出舱、保障空间科学实验等能力。

2022年7月24日，天宫空间站第二个舱段——问天实验舱成功发射。问天实验舱作为空间站的一部分，与天和球型节点舱前端对接口连接。神舟十四号航天员乘组在核心舱内与我们一同见证了问天实验舱发射的精彩时刻。这是航天员首次在轨迎接实验舱的到来。这是伟大而激动人心的时刻。

2022年10月31日,天宫空间站第三个舱段——梦天实验舱成功发射。梦天实验舱与天和的前端对接口连接,两舱在太空中经历了很复杂的姿态调整,形成了"T"形结构的空间站,完成了空间站主舱部分"最后一块拼图"的成功拼接。2022年11月30日,神舟十五号航天员乘组与神舟十四号航天员乘组"胜利会师",并在问天实验舱留下了一张足以载入史册的太空合影。12月2日晚,中国航天员乘组完成了首次在轨交接。这标志着天宫空间站正式开启长期有人驻留模式。中国人迎来了属于中国航天的"空间站时代"。

2022年12月31日,国家主席习近平在新年贺词中向全世界郑重宣布:中国空间站全面建成。这是历史性的一刻,也是里程碑的一刻,标志着载人航天工程随即转入应用与发展阶段,全面实现了载人航天工程"三步走"的发展战略目标,铸就了中国载人航天工程和世界史上的一座丰碑。

天宫空间站精密的设计、复杂的结构和强大的功能是对科技之美的深刻诠释。从核心舱到实验舱的每一部分,都凝聚了科学家的智慧与工程师的匠心,它们共同构成了一个在太空中闪耀的科技明珠。天宫空间站最长处有40米,最宽处有20米,可以为航天员提供110平方米的活动空间。舱内共配备16个科学实验柜,同时还有2个舱外暴露实验平台,能开展1000余项的科学实验,并且可以支持3名航天员长期在轨驻留,最多可支持6人同时在轨。核心舱提供了航天员的生活和工作空间,包括生活舱、实验舱和控制舱等功能。天和核心舱由节点舱、小柱段、大柱段、后端通道及资源舱组成,舱内安装3个科学实验机柜和1个应用任务公用支持机柜,舱外预留载荷挂点,配置了大机械臂。配备3个对接口、2个停泊口和1个出舱口。

问天实验舱主要面向空间生命科学研究,配置了生命生态、生物技术和变重力科学等实验柜,梦天实验舱则主要面向微重力科学研究,配置了流体物理、材料科学、燃烧科学、基础物理以及航天技术试验等多学科方向的实验柜。位于舱体尾端的资源舱是实验舱的"能源仓库",资源舱上安装的两副巨大太阳翼,通过持续旋转以稳定地对准太阳,为空间站提供充足的能源支持。

天宫空间站巧妙的"T"字构型设计是工程实用性的"最优解",不仅确保了最大化的能源效率,同时保证了最可靠的对接操作和飞行安全,彰显了中国航天自主创新的智慧和对完美细节的追求。"T"字构型由核心舱和两段实验舱组成,两段实验舱分别长期停靠在核心舱的左右两端,货运飞船以及载人飞船分别对接于核心舱前后两端。"T"字构型可以获得最大发电效率。通过在"T"字的横向两段设置双自由度太阳翼,能够保障最大限度利用太阳光。"T"字构型可以保持前向、后向、径向三向对接的能力。

前向、径向两个对接口可以接纳两艘载人飞船实现轮换,而且两个对接口都在轨道平面内,飞船可以在轨道面内沿飞行方向和沿轨道半径方向直接对接,无需对接后再转位,更安全。后向对接货运飞船,天宫空间站可以直接用货运飞船发动机进行轨道机动,未来几年内天宫空间站将继续扩展其规模和功能。此外,值得一提的是,天宫空间站完全由我国自主建造,实现了产品全部国产化,部组件全部国产化,原材料全部国产化,关键核心元器件100%自主可控。

天宫空间站已经向世界敞开了大门,与联合国和平利用外层空间委员会合作,接纳来自多个国家的科学实验项目。目前天宫空间站第一批科学实验项目已公布了来自17个国家、23个实体的9个项目成功入选,展现了中国在航天领域开放合作的姿态。天宫空间站的建设和运营,不仅标志着中国在航天科技领域的重要进步,也体现了中国愿意与世界共享太空探索成果的开放精神。

未来,空间站将承载更多的科学实验项目,涉及物理学、生命科学、地球科学等多个领域。这些实验将为人类了解太空环境对生物和物质的影响提供重要数据。不仅如此，中国将利用天宫空间站验证和改进各种航天技术，包括空间飞行器的自主交会对接、太空生命支持系统、太阳能电池技术等，这些技术的持续发展将为未来更远的太空探索提供重要支持。

第五节 中国"嫦娥"：九天揽月的星际使者

"明月几时有，把酒问青天，不知天上宫阙，今夕是何年。"古人在中秋月圆之夜望月问天，充满了对宇宙奥秘的无限遐想和对时间流转的深沉感慨。月球，自古以来就作为一种审美意向和美学符号，不仅寄托了千百年来人类对遥远星辰、浩瀚宇宙的向往，更寄托了人类对生命存在和意义的深刻探寻。作为地球唯一的天然卫星，月球已经陪伴地球度过了45亿余年的时光，它是距离人类最近的宇宙天体，距离地球38万千米。在茫茫宇宙中，月球作为离地球最近的星球，是人类走向广袤太空的"第一个选择"，也是人类进一步开展深空探测的珍贵驿站。

21世纪以来，众多国家纷纷提出"重返月球"计划，开展深入的月球科学探测甚至建设月球基地，已经成为世界主要航天国家的共识。在众多探索计划中，唯有中国的探月工程，以系统的规划、严格的执行和显著的成就，成为目前唯一一个系统开展月球探索的航天科技工程。这不仅是中国航天科技实力的展现，更是中国航天科技工程项目管理的艺术、创新创造精神与美学和谐统一的追求与探索。

自1993年起，中国月球探测计划便以"中国月球探测的必要性与可行性研究"课题的立项为起点，开启了一段波澜壮阔的史诗旅程。

2004年，我国在长期准备、10年论证的基础上，正式立项探月计划，并命名为"嫦娥工程"，确定了"绕、落、回"三步走战略。嫦娥工程是继人造地球卫星、载人航天飞行取得成功之后，我国航天事业发展的又一座里程碑，开启了中国人走向深空探索宇宙奥秘的时代。

嫦娥一号的精确落月，标志着中国探月一期工程的圆满结束，该工程不仅成功实现了首飞，更在技术上取得了九大重大突破，具体包括集成技术、轨道设计技术、远距离测控通信技术、高精度测定轨技术、火箭可靠性增长技术、高可靠发射技术、月球科学探测技术、数据接收与研究技术，以及能源和环境技术。它不仅获取了月球表面的立体影像，还分析了月球表面元素的含量与分布，为后续探月任务奠定了坚实基础。而嫦娥二号的发射，不仅验证了新技术与新设备，更在完成月球探测任务后，勇敢地迈向了日地拉格朗日 L2 点，实现了人类首次对该点的探测，展现了中国航天的创新精神与勇气。

嫦娥三号与玉兔号月球车的成功着陆，实现了中国在地外天体的首次软着陆，虽然玉兔号月球车在经历复杂月面环境后失去了行动能力，但它超额完成了任务，为月球探测贡献了宝贵数据。嫦娥四号的月球背面软着陆，更是创造了人类历史上的多个"首次"，通过"鹊桥"中继卫星，实现了月背与地球的中继通信，为月球背面的科学研究提供了新的视角。

嫦娥五号的采样返回之旅，不仅是中国首次地外天体采样返回任务，更为月球成因和演化历史等科学研究提供了新的材料。其轨道器在完成任务后，继续拓展任务，成为首颗抵达日地 L1 点的中国航天器。嫦娥六号的成功发射和着陆，是人类首次在月球背面进行采样返回的壮举，这不仅是中国航天能力的一次关键考验，也是中国航天实力的显著展示。嫦娥六号的月球背面采样，不仅采集了珍贵的月背土壤样品，更通过国际合作，搭载了来自不同国家的科学载荷，如法国的氡气探测仪、欧空局的负离子探测仪等，展现了中国在国际航天合作中的积极开放的姿态。

嫦娥七号与嫦娥八号的任务规划，预示着中国探月工程的进一步深入。嫦娥七号将开展月球南极的环境与资源勘察，为月球科研站建设奠定基础。而嫦娥八号则将与嫦娥七号组成中国在月球南极的首个科研站基本型，实现月球表面的长期科研与探索。

嫦娥工程打破了传统航天工程的分解与集成分开的思想，坚持产学研协同创新，将任务分解和综合并列进行，并实现了多部门跨领域的协同工作，多学科集成贯穿设计、生产、试验到发射和在轨运行的各个环节。其承研承制单位包括科研院所、高等院校、民营企业等不同体制单位，甚至涉及国际合作的企业。研制队伍由来自航天、航空、电子、核等科技和工业领域及相关高校共2000多家企业的数万名科技工作者组成。促使全国优势科技资源大力协同、密切配合，集体决策、攻坚克难，加快了研制进程，提高了工程效率，树立了创新管理的典范。

随着载人登月任务的启动，标志着中国探月工程进入了新的阶段。通过一系列无人探月任务的技术积累与验证，中国已为实现2030年前中国人首次登陆月球做好了准备。这不仅是中国航天的一大步，也是人类探索宇宙的重要一步。

中国载人航天工程的首任总设计师王永志曾说道："如果我们仅仅跟随他人的脚步，重复他们走过的每一个过程，那么我们将永远无法超越。"在科技领域，原始创新的能力一直是中国与世界领先国家之间最大的差距所在。长期以来，中国依靠技术引进、逐步改进、二次创新和组合创新等方法，实现了技术追赶，为科技的发展提供了强大的推动力。然而，单纯依靠模仿和追赶的创新模式已不足以支撑中国航天科技突破关键技术、建设成为世界科技和创新的高地，更难以在新一轮科技革命中获得竞争优势。

中国的探月工程正是这一转变的生动体现，它展示了中国航天科技在原始创新道路上的坚定步伐和快速进步，不断实现跨越和突破，最终实现梦想。通过这一过程，中国不仅在追赶，更在超越；不仅在跨越，更在实现自我超越和创新的飞跃。

探月工程是一项复杂的多学科高技术集成的系统工程，它集中了当代科技发展的最新成果，是多种学科、多个科研领域尖端技术的集大成者，它为促进宇宙空间及深空航天技术的发展，对于中国科学技术的历史性进步具有巨大的推动作用。

嫦娥二号卫星实现了六个方面的技术创新与突破：突破运载火箭直接将卫星发射至地月转移轨道的发射技术；试验 X 频段深空测控技术，初步验证深空测控体制；验证 100 千米月球轨道捕获技术；验证 100 千米乘 15 千米轨道机动与快速测定轨技术；试验全新的着陆相机，以及验证大幅提高的数据传输能力；还包括对嫦娥三号预选着陆区进行高分辨率成像试验。

嫦娥三号、嫦娥四号卫星携带的月球车，根据探测规划路径进行移动，按计划组织开展了有效载荷的开机探测工作，红外成像光谱仪对巡视区月表目标矿物组分进行就位探测，全景相机对月表三维光学成像，中性原子探测仪开展中性原子的能量通量及成分等要素进行测量，测月雷达对巡视路线上月球次表层、月壤及月壳浅层结构进行探测。嫦娥五号执行月球采样返回任务，嫦娥五号到达月球轨道后，轨道舱和返回舱保持在轨运行，着陆器和上升器着陆月球表面，着陆器使用机械铲和钻头收集样本（这是人类采回的最年轻的月球样本），再通过上升器把月球样本材料送回地球返回舱。"嫦娥五号"返回舱在接近地球进入大气层时，运用了半弹道跳跃式的再入返回技术，多次离开大气层又重新进入大气层，俗称"水漂弹道"，最终实现减速、降温和精准降落的目的。

嫦娥六号携带月球背面样品成功返回地球，历时53天、38万千米的太空往返之旅，创造了中国航天新的世界纪录。为了适应新的任务要求，研制人员开展了大量适配和优化设计，架起地月新"鹊桥"——鹊桥二号中继星，在上一代鹊桥一号中继星的基础上实现了全面升级，不仅提高了通信覆盖能力，还具有很强的灵活性和任务扩展能力，为嫦娥六号和探月工程四期等后续任务提供功能更广、性能更强的中继通信服务。攻克了月球逆行轨道设计与控制、月背智能采样和月背起飞上升等多项关键技术，成就了这场精彩绝伦的宇宙接力。

今天，嫦娥六号任务圆满收官，月背土壤科学研究即将开启。一份争分夺秒的时间表，更新了中国探月的任务书：2026年前后发射嫦娥七号，开展月球南极环境与资源勘察；2028年前后发射嫦娥八号，开展月球资源原位利用技术验证；2030年前实现中国人登陆月球；2035年前建成国际月球科研站基本型……

伟大事业始于梦想，基于创新，成于实干。嫦娥工程立项以来，研究团队直面重重挑战，埋头苦干，实现了一系列核心技术"零"的突破，中国探月工程的每一步，都是对原始创新的深刻理解与追求。

第六节 中国"羲和"：星河远征的探日先锋

2021年10月14日18时51分，新一代太阳女神——羲和号太阳探测卫星搭乘长征二号丁运载火箭顺利升空，驰骋在距地球517千米的太阳同步轨道上，羲和逐日的故事将继续在茫茫宇宙中续写，我国也正式步入"探日"时代。羲和号太阳探测卫星，全称"太阳光谱探测与双超平台科学技术试验卫星",是我国首颗太阳探测科学技术试验卫星,填补了我国对日探测的空白,对我国空间科学探测及卫星技术发展具有重要意义。

长期以来,中国对太阳的研究主要集中在从地面上对太阳进行观测,地日距离过远,观测起来极其困难且不够直观。羲和号作为首颗由我国自主发射的太阳探测卫星,正式开启了我国"逐日"过程由"观"向"探"的转变。

羲和号整星重量510千克,运行于轨道高度为517千米的晨昏太阳同步轨道。卫星主要科学载荷为太阳空间望远镜,将在国际首次实现空间太阳波段的光谱成像探测。通过对该谱线的数据分析,可获得太阳爆发时的大气温度、速度等物理量的变化,研究太阳爆发的动力学过程和物理机制。此外,羲和号太阳探测卫星还可以观测到太阳风,从而能够准确地预测空间天气灾害,为航天通信等高科技活动服务。

为确保太阳空间望远镜在太空平稳、精确观测,羲和号采用了全新构型。太阳空间望远镜被安装在专门的载荷舱中,载荷舱与平台舱间采用了"动静隔离非接触"的总体设计新方法,完全进行物理隔离,以阻断平台舱微振动传递路径。

羲和号首次在轨应用磁浮控制,采用高精度、大带宽、自身无干扰的磁浮作动器,作为载荷舱的执行机构,从而使载荷舱超高指向精度、超高稳定度控制的性能得以实现。通过"载荷舱主动控制、平台舱从动控制"新方法,使卫星实现姿态指向精度、姿态稳定度,比国内现有能力提升1~2个数量级。

由于太阳空间望远镜设计了很多观测方式,有时需要对太阳进行平场定标,即需要控制卫星姿态依次指向太阳圆盘的九个不同区域,有时需要控制卫星姿态对太阳进行连续的摆扫观测,有时需要对卫星进行暗场定标，即控制卫星姿态指向空间特定区域，而在两舱解锁时，还需要平台舱跟随载荷舱实现相对姿态控制。针对这些不同需求，平台舱也设计了 5 种不同的指向模式，可及时响应和切换。

作为我国首位太阳专属"摄像师"，羲和号卫星的载荷舱和平台舱完全物理隔离，确保了载荷舱不受卫星平台扰动的影响，具备了完美的"防抖"功能，但问题也随之而来。载荷舱和平台舱处于非接触状态，传统的供电方式无法满足能源传输需求，也无法通过电缆传输能源和信息。卫星在轨运行过程中，如何解决载荷舱的能源获取问题？如何实现整星的能源分配呢？又该怎样实现两舱通信呢？

为此，研制团队深入研究国内外相关先进技术，提出"磁感应耦合式"无线能量传输技术，首次在卫星上实现大功率、高可靠、高效无线能源传输技术的应用，首次将能源采集、能源储存、能源控制管理及二次配电实现了智能化和一体化设计。从能量输入到输出，整个链路的综合转换效率达到 80% 以上，在磁场耦合部分，磁传输效率更是达到了 95% 以上，实现了高效低热耗的能量传输，解决了平台舱和载荷舱联合供电、分舱供电方面的难题，确保了羲和号在各种状态下都能得到有效的能源供给。

为实现高效数据传输，研究团队特别设计了舱间高速激光通信单机，负责舱间数据传输任务，这也是国内首个接入卫星平台的舱间无缆化激光数传设备，激光通信子系统具备高速的激光传输接口，可以将羲和号探测产生的巨大的科学数据进行传输，提高科学载荷数据传输速率，将星内数传带宽大大提高，为载荷的高清成像数据积累提供了有效保障。羲和号卫星还采用激光通信和微波通信两种"互为备份"的无线通信方式，在两舱之间架起了 5G 高速通信通道。

2022 年 8 月 30 日，国家航天局正式发布羲和号探月成果。本次发布的羲和号探日成果以太阳科学探测和新型卫星技术为主，创下 5

个国际"首次":国际上首次实现了主从协同非接触"双超"(超高指向精度、超高稳定度)卫星平台技术在轨性能验证及工程应用;国际首次太阳成像光谱仪在轨应用,光谱分辨率优于 0.0024nm;国际首次空间太阳波段光谱扫描成像,记录了太阳活动在光球层和色球层的响应过程;国际首次在轨获取太阳谱线、Si I 谱线和 Fe I 谱线的精细结构;国际首次原子鉴频太阳测速导航仪在轨验证,测速精度优于 2m/s。

太阳谱线是研究太阳时色球和光球响应最好的谱线之一,通过对波段光谱的研究,可以科学准确地获得太阳爆发时的温度等数据,进一步研究其机制及原理。作为我国首位太阳专属"摄影师",羲和号的载荷舱内放置了太阳光谱仪,46 秒内就能获得全日面 1600 万个点上的光谱,在 300 余个波长点上同时获得色球和光球的二维图像,从而可反演出高精度的全日面色球和光球多普勒速度场,进而研究太阳活动的物理过程。目前,羲和号每天都在按照既定任务计划开展科学观测,已经观测到了近百个太阳爆发活动,相关研究工作正在开展。

除了太阳科学探测取得的成果外,在新型卫星技术试验方面,羲和号国际首次实现了主动协同非接触"双超"卫星平台技术在轨性能验证及工程应用。在太空中卫星载荷一次微小的振动,都会使得成像效果差之毫厘、谬以千里。"双超"卫星平台打破传统卫星平台微振动"难测、难控"的技术瓶颈,采用磁浮控制技术,将平台与载荷的物理接触彻底隔绝,确保载荷成像不受平台扰动的影响,让其拍照"更稳、更准",将我国卫星平台的姿态控制水平提升了 1~2 个数量级,达到了国际先进水平。

此外,羲和号还实现了国际首台原子鉴频太阳测速导航仪在轨验证。国际上首次提出天文光谱测速导航的新方法和新技术,通过太阳光谱的研究和利用实现米每秒量级的飞行器高精度速度测量等。

羲和号的成功发射极大地推进了我国在恒星探测领域方面的研究，大大提高了中国在太阳物理领域的话语权，对我国的未来太空探索、空天安全等工作具有重要意义。

每一项尖端技术的创新和突破，都凝结着无数航天人的心血和汗水，这是专属中国航天人的浪漫，是一代代航天人的自力更生和接续奋斗，是科研人员勇于攀登、敢于超越、抢占科技制高点的生动实践，更是我国坚持自主创新、推进科技自立自强的信心和决心。

羲和号开启了中国人探测太阳的先河，羲和号所取得的科技成果，也将大大推动我国的深空探测事业进一步展开。未来，"夸父计划"将更进一步展开，中国对太阳的探索将沿着羲和号的脚步继续前进。

爱因斯坦探针卫星的成功发射，标志着我国空间科学探测能力的又一次飞跃，它将帮助我们探索宇宙中的极端现象，如黑洞、中子星等，为揭示宇宙的奥秘提供了新的视角和工具。与此同时，天问一号环绕器和火星车的联合探测，不仅在火星表面进行高分辨率的遥感观测，还实现了近距离的就位研究，为我国乃至人类的火星探索积累了宝贵的数据和经验。量子通信卫星"墨子"的成功运行，打破了传统通信的界限，利用量子纠缠实现了超远距离的安全信息传输，为构建全球量子通信网络奠定了基础。而"悟空"暗物质粒子探测卫星，以其独特的视角"跳出五行之外"，探寻宇宙中难以捉摸的暗物质粒子，为我们理解宇宙的组成和结构提供了新的线索。火星车"祝融"的登陆，标志着我国火星探测迈出了坚实的一步，它将在火星表面进行地质考察、环境监测等多方面的科学实验，为人类未来可能的火星居住和探索提供科学依据。

我国目前也在积极探索 AI（人工智能）、云计算等前沿技术手段在深空探测领域的应用，未来将在月球、火星等探测任务中采用智能技术实现自主决策与科学分析，提高落点精度及探测区域的精确度；逐步建立基于模型的深空探测数字化研发生产与在轨支持体系，构建型号研制全生命周期的"模型—数据—知识"体系，全面建成深空探测数字化生态系统；推进深空探测科学目标谱系建设，建立深空领域大模型，形成能够指导未来任务规划以及支撑空间科学、空间技术、空间应用研究、科学教育普及等的大知识智能平台，旨在为深空探测未来规划发展提供生成式的知识与信息支持，推动数据驱动的深空研究范式变革。

中国航天人始终不忘初心，将每一次任务的结束视为新征程的起点，他们以坚韧不拔的意志和不断创新的精神，攀登着航天科技的高峰。从载人航天到深空探测，从月球采样返回到火星表面探索，每一次突破都不断推动我国航天事业向着更深、更远的太空进发，为实现中华民族的航天梦贡献力量。

第七章　触手可及的生活之美

航天科技的快速发展及其广泛应用，打破了传统行业界限，实现了跨界融合与协同创新，从农业、工业到服务业，航天科技正以前所未有深度和广度，影响着经济社会的发展格局。航天科技与生活息息相关，不仅是科技进步的助推器、国家实力的体现，更是人类未来的探索者、教育与文化的传播者、经济发展的新引擎，以及灾难应对与救援的重要力量。从美学的角度来看，航天科技的跨界融合与应用，是一种技术和功能的结合，也是一种美学上的创新与和谐，它将科技的精确性与艺术的想象力相结合，创造出既实用又美观的产品和服务，提升了人们的生活品质和审美体验。航天科技的美学价值在于其对人类生活各个方面的深刻影响和改善，提高了效率和便利性，丰富了人们的精神世界，激发了人们对美好生活的向往和追求。这种美学上的融合与创新，使得航天科技不仅仅是冷冰冰的工具，而是充满温度和情感的伙伴，它让我们的生活更加丰富多彩，也让我们对未来充满了无限的想象和期待。

第一节　全面服务于国计民生

当前大国博弈日趋激烈，新一轮科技革命突飞猛进，世界航天领域竞争加剧，航天科技正以前所未有的速度快速发展和广泛应用。对于当前面临的形势和任务，我们必须有清醒的认识，必须保持战略定力，坚持一张蓝图绘到底，加快建设"空间基础设施完备、科技创新能力领先、产业带动作用明显、自主保障体系健全、人才队伍实力雄厚、国际竞争实力突出"的航天强国,成为国家安全的维护者、科技自立自强的引领者、经济社会高质量发展的推动者、外空科学治理的倡导者和人类文明发展的开拓者。

习近平总书记强调,让航天探索和航天科技成果为创造人类更加美好的未来贡献力量。干航天技术应用及航天服务业(简称"两业")就是干航天事业。航天强国是指同时拥有进入太空、利用太空和探索太空的强大实力,航天产业规模与效益并举,具有良好发展潜力和牵引辐射作用,整体实力位于世界航天产业第一方阵内的国家。航天强国是指包括宇航系统、导弹武器系统、航天技术应用产业和航天服务业的全面发展的国家。航天强国的基础是拥有与强国地位相称的航天战略资源与独立自主的航天工业体系,航天强国的支柱是航天产业发展能力。

航天技术应用转化的深度、广度是衡量航天强国的重要标志之一。当前,我国已经全面建成航天大国,进入航天强国行列,开启全面建设航天强国的新征程。建设航天强国重在"全面"。"全面"不仅体现在具备全面的科学认知太空能力、自由进出太空能力、高效利用太空能力、有效治理太空能力,还体现在高质量的航天产业发展和显著的产业带动作用上,体现在"两业"对宇航系统和导弹武器系统发展的有力促进和有效推动上。作为航天技术转化应用、国家战略性新兴产业的重要载体,"两业"始终是航天强国不可或缺的重要组成部分。

大力发展"两业"是彰显建设航天强国时代价值和重大意义的关键举措。航天强国,强在强军,也强在为民。近年来,我国在推进航天强国建设过程中,坚持以人民为中心,面向国家重大战略和经济社会发展需要,主动融入新兴领域和重点区域经济发展,积极服务国家战略目标,充分发挥航天技术、能力、产品对经济建设的牵引带动和溢出效应,加强航天科技成果转化、孵化和产业化发展,诸多航天技术成果应用到国民经济各领域,带来了显著的社会效益和经济效益。

"两业"成果的广泛应用,深入传播了"航天科技创造美好生活"的理念,凝聚了建设航天强国的最大共识,营造了建设航天强国的良好氛围。在全面建设航天强国的新征程中,我们要聚焦太空经济、绿色经济、数字经济、工业革命、智慧社会、健康中国等战略领域,积极发展具有航天优势的战略性新兴产业,充分利用国内和国际两个市场、两种资源,系统布局产业链、供应链、价值链,全面提升航天产业发展质量,更好发挥航天科技对国计民生和经济社会发展的支撑和引领作用。

大力发展"两业"是在航天领域率先实现强国目标,助推社会主义现代化强国建设的内在要求。习近平总书记强调,航天梦是强国梦的重要组成部分。按照我国到本世纪中叶建成社会主义现代化强国的战略安排,我们将全面建成航天强国的时间提前了 5 年,体现了航天科技要走在全国前列,率先实现强国建设目标,支撑现代化强国建设的决心和信心。新时代新征程,以航天梦托举实现中国梦已经成为所有中国航天人的思想共识和行动指南。"两业"是在航天领域率先实现强国目标的重要基础,我们要不断增强发展"两业"的历史使命感和现实紧迫感,通过"两业"的高质量发展,加速形成一批新兴产业链条,推动太空生物制药、空间碎片清除、空间试验服务等太空经济新业态迸发巨大的产业能量,衍生新的航天产业,打造新的经济增长点。

要站在国家战略高度,主动服务和融入新发展格局,向关系国家安全和国民经济命脉的重要行业、关键领域集中,加快推动商业航天与卫星应用、电子信息与智慧产业、高端装备制造、新材料、节能环保与新能源等战略性新兴产业发展，培育打造"航天＋信息化＋"产业新业态，有力支撑科技强国、制造强国、质量强国、网络强国、美丽中国和数字中国建设，在全面建设社会主义现代化国家的征程中切实履行航天人的使命担当。

目前人类利用太空的方式，主要是通过通信、导航、遥感等各类人造卫星，各类应用卫星在经济社会发展各领域都发挥了巨大作用，它们齐心协力，推动着国家治理走向现代化。

通信广播服务方面，我国基于通信广播卫星构建了广覆盖、大容量的广播电视传输网络、直播卫星网络和通信网络。通信广播卫星系统承担中央和地方重要广播电视节目传输任务，高质量完成了杭州亚运会、神舟系列飞船成功发射和安全返回等国家大事、要事通信广播保障任务。今后，我们将继续推进航空互联，服务"一带一路"，让卫星通信服务更加精细化。

自然资源服务方面，我国初步建成多要素、多尺度、多载荷、系列化、业务化稳定运行的遥感卫星观测体系，有力支撑了自然资源调查监测、基础测绘、执法督察等领域的监测需求。2023年，我们对18个省份实行了耕地遥感影像监测，进一步加强对耕地和永久基本农田的监测监管。

气象观测服务方面，极轨、静止两个系列化、业务化的气象卫星综合观测星座，在气象防灾减灾、经济社会发展、生态文明建设等主要领域持续深化应用。2023年，风云卫星及时监测台风结构与动向，发布风云卫星首幅大气氨气柱全球分布图，为成都大运会等重大活动提供了气象保障，我国气象卫星观测能力整体达到世界先进水平。

应急管理服务方面，中国航天在应急服务方面的作用持续提升，导航、遥感、通信卫星在防灾减灾救灾、安全生产、应急救援中发挥了重要作用。2023年,高分卫星、环境卫星、资源卫星等提供了600余次安全预警,为灾害事故提供立体化灾情救援,全方位服务救灾指挥,有效减少了损失。

交通运输服务方面,中国应用卫星持续加大在公路、铁路、水路、民航运输以及交通建设等领域的深化应用,推动交通运输高质量发展,为实现交通运输信息化和现代化提供了重要支持。北斗系统为全国800万辆道路营运车辆、4.8万艘船舶、500万辆共享单车提供高精度服务,为铁路、桥梁施工建设提供高精度位置服务,广东湛江南三岛大桥全线桥梁架设"零事故",畅通了交通运输,提高了居民生活质量。

科教文体服务方面,中国航天坚持服务社会理念,利用航天科技服务教育文化事业和体育事业高质量发展。2023年,中国航天开展了全国青少年航天创新大赛、"北斗杯"全国青少年空天科技体验与创新大赛、"天宫课堂"太空授课活动、载人航天工程赴港澳交流、科普宣传活动进校园、航天精神宣讲等一系列科普教育活动,传播航天科技知识,开展爱国主义教育。

航天国际合作方面,2023年,中国开展了交流研讨、数据共享、技术合作、应用服务等多种形式的国际交流活动,国际合作进一步深化。中国面向全球发布嫦娥八号国际合作机遇公告,亚太空间合作组织、委内瑞拉、阿塞拜疆、巴基斯坦、白俄罗斯、南非、埃及等先后加入国际月球科研站计划。

发展航天事业不仅是实现高水平科技自立自强的战略需要,也为经济社会高质量发展注入了强劲新动能。随着我国航天事业的蓬勃发展,航天技术成为推动人们生活品质提升的重要力量。

2024年7月,湖南岳阳市华容县团洲乡团北村团洲垸洞庭湖一线堤防发生决口。在抗洪救灾的各个阶段,从堵口到排水,卫星图像信息都为救灾指挥决策和灾害救助提供了重要支持。透过清晰的影像，灾区情况一目了然。不同于地面的拍摄有空间局限，天对地的光学遥感图像，直观、完整地展现了灾区的全貌。

据现场负责人员介绍，遥感卫星给他们实时提供影像资料，特别是空中大幅度的影像资料，对封堵合龙起到了关键的支持作用。大范围的图片提供了具体位置参数，便于施工布置，有利于组织实施科学的施工方案。在封堵过程中，实时提供陆路和水路的交通情况，便于施工调配，有利于组织高效的施工和生产。此外，遥感卫星图像还提供了洞庭湖受灾区域范围的水流流速、流态、水位等信息，为抢险的安全管理提供了技术参数。

在这轮强降雨中，湖南省平江县也遭遇了有气象记录以来持续时间最长、强度最大的一次汛情，导致全县1400多个基站通信中断。当地调派了卫星通信无人机为9个乡镇、社区，共计12万余人提供应急通信保障。通过无人机应急通信系统，融合中星26号卫星链路接入通信网络，为受灾地区提供应急通信服务。下暴雨的这几天，正是湖南省填报本科批志愿和专科提前批志愿的关键时间，如果不及时恢复通信，有的高考考生可能会被耽误填报志愿。

不只是应急通信，如今，卫星通信在远洋渔业、地质勘探、户外越野活动等领域，应用需求也在不断拓展。一些人现在还用上了直连卫星的手机，可以在更多偏远而没有手机信号的地方随时与外界联系。

数据显示，目前全球地面移动通信系统覆盖的人口已经超过70％，但是受制于技术和经济因素，它只覆盖了20％的陆地面积。下一代移动通信技术的主要目标，是满足空、天、地一体化全球无缝覆盖，随时随地提供安全、可靠的通信服务，哪怕是在高山峡谷风雨交加的恶劣环境下。

继华为手机开通手机直连卫星业务以后，今年，国内又有不少手机厂商推出了支持卫星通话的机型。这一业务的开通，立即受到了户外爱好者们的追捧。对户外旅游爱好者来说，手机卫星直连业务的开通，可能会让安全多一份保障。当出现突发恶劣天气被困、意外受伤等紧急情况时，救援人员能更快速准确地了解情况，找到遇险者的位置，第一时间实施救援。

此外，北斗导航卫星还可以支持短报文通信，用户在没有手机信号的时候依然可以发送短信，报告自己的位置。

基于卫星通信、遥感、导航定位等空间基础设施，中国航天已经发展形成了较为完善的应用体系。国内多个导航地图供应商已经切换为北斗优先定位，日均使用量超过了6000亿次。同时，利用风云卫星开展的台风、暴雨、沙尘等灾害性天气监测和预报，在应对极端气候事件、防灾减灾方面发挥了不可替代的作用，可见，卫星应用已经和我们的生活密不可分。

一方面，应用卫星为百姓的生活带来了便利；另一方面，航天科技与千行百业加速融合，航天材料、航天技术等与生活的方方面面交会对接，满足着人民群众对美好生活的向往。

在火灾事故中，烟雾中毒、缺氧窒息往往是导致人员伤亡的主要原因。为防止吸入有毒烟雾，除了使用湿毛巾捂住口鼻迅速撤离外，还可以佩戴防毒面具等防护装备。但普通防毒面具通常只能简单过滤外部空气，难以过滤有毒烟雾，无法在严重火灾事故中较长时间使用。针对这一难题，一种应用航天科技打造的便携式无源增氧呼吸面罩应运而生。工作人员在设计这种面罩时，参照航天员在太空舱内佩戴的面罩结构，便携式无源增氧呼吸面罩可将使用者呼出的水蒸气及二氧化碳，与内置化学物质转换，生成等体积的氧气。整个循环不与外界进行气体接触，可避免使用者在火场吸入有毒有害气体，也可为使用者提供安全稳定的氧气支持。

　　航天水杯，又称相变调温杯，具有高效快速降温和保温功能，其核心部件——高导热固态相变储能块，源自航天相变材料技术。在航天水杯中倒入100℃的开水后，仅需1分钟，开水温度即可降至60℃。循环1万次性能不变，无需摇晃即能快速降温。相变材料是物质发生相变时能够吸收或放出热量且该物质本身温度不变或变化不大的一种材料。相变调温杯正是利用相变材料在相态转变过程中能够迅速吸收或释放大量热量的特性来进行热能管理。应用于航天水杯的相变材料符合欧REACH法规对163种有害物质检测标准并获得SGS认证，无毒无腐蚀，安全环保。

　　近年来我国商业航天蓬勃发展，初步形成了产业体系和市场体系，迈向应用牵引、市场主导的新阶段，释放出超万亿元的市场规模潜力，为我国航天事业注入了新的活力。未来，空天经济发展动能将更加强劲，航天科技的转化与应用将更接地气。

第二节　卫星与生活深度融合

　　作为一个国家科技水平和综合国力的重要体现，航空航天技术的发展引领带动了自动控制、计算机、电子信息、精密制造、新材料、新能源等一系列高新技术的快速发展。中国航天已成为服务经济社会发展的新动能，我国已形成"箭、弹、星、船、器、站"的完整体系，培育了以卫星应用为代表的新经济增长点。

　　目前，中国在轨卫星数量已经超过900颗，位居世界第二位。在通信、导航和遥感等领域，由航天科技集团有限公司抓总研制的各型卫星走进了千家万户，来到了我们身边。

通信卫星是人造卫星的一种，是卫星通信系统的空间部分。作为无线电通信中继站，通信卫星通过转发无线电信号，实现卫星通信地球站之间或地球站与航天器之间的无线电通信。通信卫星可传输电话、电报、传真、数据和电视等信息，具有通信范围大、可靠性高、开通电路迅速等不可替代的优点。一颗地球静止轨道通信卫星约可覆盖40%的地球表面，使覆盖区内的任何地面、海上、空中的通信站能同时相互通信。在赤道上空等间隔分布的 3 颗地球静止轨道通信卫星可以实现除两极部分地区外的全球通信。

从 1970 年 4 月中国成功发射第一颗人造地球卫星东方红一号起，中国通信卫星事业发展 50 余年。在通信卫星研制领域，经过东方红二号、东方红三号、东方红四号、东方红五号四代卫星的研发经验积累，中国通信卫星行业目前可研制固定卫星、中继卫星和直播卫星等通信卫星，通信卫星频谱范围涉及 S、C、Ku、Ka 等各个频段，卫星等级涵盖小型到超大型卫星。中国已成为全球范围内少数可独立设计、研制大容量通信卫星的国家之一。

中国卫星通信技术发展迅速，其中 VSAT（甚小口径卫星通信终端）卫星通信技术应用广泛，具有成本低、智能化水平较高等特点，未来发展空间大。

VSAT 即甚小天线地球站，又称卫星通信地球站、微型地球站或小型地球站、卫星小数据站或个人地球站。VSAT 卫星通信是由主站、卫星通信、小站三部分构成。在主站的帮助下，VSAT 对系统运行的管理与监测，可对网络进行有效的控制，确保较快的传播速度。小站分为户内设备与户外设施，户外设施安装于高层建筑顶部，户内设备通常与用户进行连接，以保障高质量的语音与视频通话。此外，由于VSAT 卫星通信连接方式包括点对点的连接与点对多点的连接方式，技术控制可在软件应用下完成，用户可以根据自身的实际需求选择连接方式，可方便快捷地满足用户的多样化需求。

在通讯、医疗等行业中，VSAT 能提供较为清晰的图片信息，促进相关行业的可持续发展。在航天、广播电视、军事通信及气象等众多领域中，VSAT 卫星对图像等信息传递效率高，在汽车行业与手机业务中，VSAT 卫星通信技术信号覆盖率高、覆盖面积广、定位功能准确。在偏远地区，VSAT 卫星通信技术的应用，使得用户节目质量提高，信号传输稳定可靠，有效提升了用户体验感。

当前，高清特别是超高清节目对于卫星通信容量需求增大，高通量卫星的应用推广将成为行业增长的爆发点。高通量宽带通信卫星（HTS）是一类典型的面向用户的互联网卫星系统，能够为大规模用户终端提供宽带互联网接入服务，也可以为地面、空中、海上网络节点提供骨干传输。在宽带接入、数据中继、基站回传、航空舰船娱乐、政府与企业服务等方面都得到了广泛应用。

我国首颗高通量通信卫星中星 16 号于 2017 年 4 月 12 日发射，定点于 110.5°E 地球静止轨道，提供 26 个 Ka 频段用户波束，覆盖中国中部、中西部、东部、南部、拉萨地区及中国近海地区，可应用于远程教育、医疗、互联网接入、机载和船舶通信、应急通信等领域。中星 16 号采用全 Ka 频段载荷，透明转发，工作频率高，波束覆盖范围大。中星 16 号采用多口径、单馈源多波束技术，整星通量达 20Gbit/s，大于此前我国所有在轨通信卫星的容量之和。

2022 年 11 月 5 日，采用增强型东方红四号卫星平台的中星 19 号卫星发射成功，覆盖 C、Ka 等多频段通信，Ka 容量为 8Gbps。

2023 年 2 月 23 日，我国在西昌卫星发射中心，使用长征三号乙运载火箭，成功将中星 26 号卫星发射升空。它是我国首颗超百 Gbps 容量的高通量卫星，是我国目前通信容量最大、波束最多、技术最复杂的民商用通信卫星，是国内卫星互联网技术发展的一个重要里程碑。

卫星工作在地球同步轨道，使用 Ka 频段，单星容量超过 100Gbps，能同时满足百万个用户终端使用，提供上行最大可达 200Mbps，下行最大可达 450Mbps 的通信能力。

卫星遥感能力和应用水平是国家对地观测能力的直接反映，也是国家核心竞争力的重要体现，在地球科学、环境科学、资源科学与全球变化研究中具有宏观动态的优势，是战略性、探索性、创新性强的观测手段，也是实施全球可持续发展战略的基础支撑。

我国陆地卫星遥感技术起源于 20 世纪 80 年代，经过 30 多年的发展，在高分辨率对地观测系统重大专项、国家民用空间基础设施规划、民用航天研究、"一带一路"空间信息走廊等发展规划和重大工程的推动下，与大数据、人工智能、信息通信技术（ICT）、云计算、物联网等新兴技术深度融合，陆地遥感卫星及其应用体系快速发展，实现了光学、多光谱、高光谱、雷达、激光等多种观测手段，卫星遥感从最初的依赖国外向立足自主数据，从科学试验向业务化运行逐步转型，已成为自然资源管理、环境保护、应急管理、交通路网、警务安防、金融风控等不可或缺的高新技术手段，成为加快数字中国和数字经济发展的关键领域。

党的十八大以来，国家从战略规划和行业政策上都对遥感卫星发展及应用进行了大力支持。截至 2022 年 11 月，我国在轨稳定运行的遥感卫星达 200 余颗，居世界第二位，仅自然资源部作为牵头主用户的卫星数量就达到 25 颗，具备了全球全要素、全覆盖、全天候、全天时、全尺度的卫星遥感数据获取和调查监测能力，自主卫星替代率达到 92%。北京系列、珠海系列、高景系列、吉林系列、珞珈系列小卫星和商业遥感卫星体系化运行能力不断提升。卫星遥感形成了多分辨率、多比例尺的空间信息产品生产和应用服务能力，产业规模从 2012 年的 40.83 亿元增长至 2021 年的 118.12 亿元，在国民经济建设和国防建设等方面逐步形成支撑能力,与国际先进水平差距不断缩小。但也存在卫星遥感及地面应用体系不够健全,国际开创性、领先性、自主创新较少,卫星定量化指标与国外卫星仍有差距,"一星多用、多星组网"优势未被充分利用,自主化、智能化数据处理水平有待增强等不足和短板。

目前,全球空间基础设施已进入体系化发展和全球化服务的新阶段,卫星遥感向地球整体观测和多星组网观测发展,逐步形成立体、多维、高中低分辨率结合的全球综合观测能力和高精细、智能化的应用服务能力。空间、时间、光谱分辨率、敏捷机动能力、定位精度等指标大幅提升,多星组网成为一种常态,高中低轨道结合,大中小卫星协同,能够准确快速地提供多模式的对地观测遥感数据和产品。由可见与不可见、主动与被动、线阵与面阵等多种类型传感器数据交叉组合的复合测绘成为一种新的手段,创新了传统的卫星遥感体制和理论方法。

卫星应用水平和商业服务模式也在创新升级,卫星遥感应用从传统的基础应用向专业应用、深度开发和社会化服务拓展。卫星遥感技术成为全球化发展态势下获取自主对地观测信息、把握空间信息资源主导、抢占经济科技竞争制高点、保障国家利益和国家与公共安全的核心支撑技术。

高分辨率对地观测系统重大专项的首颗卫星——高分一号于2013年顺利升空,2014年我国自主研制的首颗空间分辨优于1米的民用光学遥感卫星高分二号卫星成功发射,标志着我国遥感卫星进入了亚米级"高分时代"。2018年业务卫星星座2米/8米光学卫星成功发射,与高分一号进行协同观测,实现11天全球覆盖、1天重访。其作为我国首个自然资源业务的卫星星座,在继承高分一号卫星成熟技术的基础上,突出高分辨率、宽覆盖、灵活观测等应用导向,开启了我国自然资源调查监测和保护监管的新时代，是我国民用遥感卫星星座发展的标志。资源三号01星于2012年成功发射，实现了国产民用测绘卫星零的突破，后续资源三号02/03星的成功发射，实现了我国自主民用立体测绘卫星组网运行，成功获取全球高分辨率三线阵立体影像，使重访周期有效缩短，实现了1∶5000测绘产品生产能力以及1∶25000等更大比例尺地图的修测和更新能力，为全球地理信息资源建设、新型基础测绘、"天地图"及行业应用，提供了丰富的立体遥感影像和地理信息产品。5颗光学业务卫星成功发射和双星组网运行，标志着我国自然资源高光谱业务卫星数据获取与应用能力建设迈上新台阶，实现了高光谱卫星从科研向业务转变。高分七号卫星于2019年11月成功发射，是国家高分辨率陆地观测系统中测图精度要求最高的科研型卫星，实现了我国民用1∶10000比例尺卫星立体测图。

目前，我国建成了以资源、海洋、环境减灾、风云等为代表的遥感卫星系列，同时高分辨率对地观测系统重大专项的实施，使得对地成像分辨率最高优于0.5米，观测手段覆盖可见光、红外、激光、高光谱、合成孔径雷达等，应用于农业、林业、海洋、国土、环保、气象等领域。

导航卫星从卫星上连续发射无线电信号，为地面、海洋、空中和空间用户导航定位。20世纪后期，我国开始探索建设卫星导航系统。2000年年底，建成北斗一号系统，向中国提供服务；2012年年底，建成北斗二号系统，向亚太地区提供服务；2020年，建成北斗三号系统，向全球提供服务。北斗系统突破了新型导航信号、星间链路、高性能星载原子钟等核心技术，实现了卫星核心器部件100%自主可控，服务性能达到国际先进水平。目前，北斗系统在全球一半以上国家和地区推广使用，规模应用进入市场化、产业化、国际化发展，这是我国为全球公共服务基础设施建设做出的重大贡献。

北斗系统服务性能优异、功能强大，可提供多种服务，满足用户多样化需求。其中，向全球用户提供定位导航授时、国际搜救、全球短报文通信等三种全球服务；向亚太地区提供区域短报文通信、星基增强、精密单点定位、地基增强等四种区域服务。

如今，北斗系统成为智能手机、可穿戴设备等大众消费产品的标准配置，包括华为、小米、苹果等国内外主流智能手机厂商均支持北斗系统，部分品牌机型具备了北斗短报文、卫星通信等功能。2023年国内智能手机出货量为2.76亿部，其中2.69亿部智能手机支持北斗定位功能，占比约98%。部分国产新能源汽车具备了北斗定位或短报文通信功能。基于北斗高精度的车道级导航功能已覆盖全国超100座城市的普通道路，可在车道指引、隧道导航、事故预警等方面实现车道级导航功能，提升用户驾驶安全和通行效率。2023年年底，国产北斗兼容型芯片及模块累计出货量已超过4亿片，具有北斗定位功能的终端产品社会总保有量超过14亿台（套）。

目前，北斗系统已服务全球200多个国家和地区用户，具有北斗功能的移动终端在全球移动终端的覆盖率已超过50%。北斗已进入民航、海事、移动通信、测量测绘、航空航天、全球搜救等领域10余个国际组织相关标准，北斗产品、技术和服务得到了更多国际用户的认可，在全球市场中的应用模式更加丰富，应用领域得到不断拓展。

30年来的北斗系统研制建设实践培育了自主创新、开放融合、万众一心、追求卓越的新时代北斗精神，是航天科技战线红色基因在新时代的赓续传承。未来，随着时空数据与各行业结合的不断拓展和深入，更多北斗应用场景将形成数字化、智能化发展新业态，催生产业发展新动能，推动形成新质生产力，更好地满足经济社会发展和人民美好生活需要。

第三节　拓宽人类认知的边界

人类在最开始的时候，是面对面交流。文字产生后，人类可以鸿雁传书，再后来有了有线电话，人类的交流方式更加便捷，而真正的通信革命，是卫星通信的出现。卫星通信，让人类可以在极短的时间内，运用语言、文字、图表、音频、视频等多种方式进行交流。

现在，出行时查阅天气预报已经成为很多人的习惯，我们通过天气预报判断要不要携带雨具，要不要增减衣物，在一些重要的国际性节会上，我们甚至可以采用人工方式干预天气。在农业领域，精准的天气预报可以让农民提前做好应对极端天气的准备，从而避免造成财产损失。

种种鲜活的案例都告诉我们，航天科技已经在潜移默化中改变了人类的生活方式。其实，改变的不只是我们的生活方式，还有我们的思维方式。航天科技的发展，为我们提供了认识宇宙万物的另一种视角，拓宽了我们的知识边界，赋予人类对未来无限的想象力，有助于我们解答古老的哲学问题：我们从哪儿来？我们要到哪儿去？

航天提高了人类认识世界和改造世界的能力。毛泽东同志在1964年和于光远等人谈哲学的时候曾经说过："现在，我们对许多事物都还认识不清楚。认识总是在发展。有了大望远镜，我们看到的星星就更多了。说到太阳和地球的形成，一直到现在还没有人能够推翻康德的星云假说。如果说对太阳我们搞不十分清楚，那么对太阳与地球之间这一大块地方也还搞不清楚，现在有了人造卫星，对这方面的认识就渐渐多起来了。我们对地球上气候的变化，也不清楚，这也要研究。"于光远说："方才主席谈到望远镜，使我想起一个问题：我们能不能把望远镜、人造卫星等等概括成'认识工具'这个概念？"对此，毛泽东主席回应说："你说的这个'认识工具'的概念有点道理。"这里说卫星也可以成为人们认识世界、改造世界的工具。无疑，人造卫星除了具有科学技术的意义之外，还被赋予了哲学上的地位与作用。

哈勃太空望远镜拍摄到的美丽星系照片，让人们直观地感受到宇宙的广袤；2019年1月3日11时40分，嫦娥四号着陆器传回了世界第一张近距离拍摄的月背影像图，揭开了古老月背的神秘面纱；2024年4月15日12时12分，四维高景三号01星成功发射升空，它是我国首颗兼备130千米以上超大幅宽，同时提供0.5米分辨率和9波段组合影像数据产品的商业光学遥感卫星，可服务于去云去雾、林地分类、植被监测等多种定量化应用场景。

宇宙的浩瀚无垠远超人类想象。通过航天活动，人类得以观测到遥远的星系、星云和无数天体，这种宏大的景象让人们深刻认识到地球在宇宙中的渺小，促使我们重新审视自身的存在和价值。同时，应用卫星在数字农业、城市信息模型、实景三维等新兴领域，以及国土测绘、防灾减灾、海事监测等传统领域提供的数据服务，也为人类改造世界提供了强有力的支撑。

航天改变了人们的思维方式。航天提高了人类认识世界和改造世界的能力，为人们展现了宇宙大世界的丰富图景，揭示了宇宙演化的深层秘密，大大拓宽了人们的思维视野。除了它在科学技术方面的成就外，最主要的方面是它引起人们思维方式的变化。在这一方面，钱学森做出了突出贡献，并被誉为"中国航天之父""火箭之王"。我们今天使用的"航天"这一概念，就是钱学森的首创。钱学森认为，人类在大气层之外的飞行活动称为"航天"，这是从航海、航空等词推理而成的。他还提出了"航宇"一词，亦即"星际航行"，他在《星际航行概论》一书中详尽地论述了行星之间以至恒星之间的飞行。

钱学森的系统工程理论,对改进人们的思维方式做出的贡献更大。从系统工程历史沿革的维度来看,钱学森的系统工程思想起源于中国航天事业的管理实践,来源于特定国情条件下中国航天研制工作的不断探索和创新。在中国航天组织机构调整和改革实践中,逐步形成了总体部的管理机制,有效推动了中国航天事业的发展。钱学森在总结经验的基础上对系统工程实践进行理论阐释和升华,1978年9月发表了《组织管理的技术——系统工程》,对系统工程的概念、内涵、应用前景等做了分析,首次在实践与理论层面对系统工程进行了清晰梳理,开创了系统科学这一新兴学科,标志着钱学森系统工程论的形成。这是系统工程在中国发展的里程碑,被认为是开创系统工程"中国学派"的奠基之作。

钱学森曾指出:我们所提倡的系统论,既不是整体论,也非还原论,而是整体论与还原论的辩证统一。钱学森的系统论思想是综合集成思想,既包含整体,也兼顾局部;既是从整体到局部,也是从局部到整体,是二者的有机统一。系统工程作为一种有效的工程方法,为人们观察认识事物提供了全新的视角,使人看到了事物系统性的存在,看到系统内部各个要素之间相互联系、相互作用,并在系统外进行与物质、能量、信息的交换,在内外因素的共同作用下演化发展。

航天激发人们对未来的无限想象。近年来,《星际穿越》《流浪地球》《三体》等影视作品火爆荧屏,成为年轻人口中的热门话题。这些科幻作品中常常出现的太空救援、外星生命、星际旅行、时空穿越等主题,正是源于人类对航天的向往和探索精神。这种想象力不仅丰富了文化艺术创作,带动了电影工业、图书出版业等产业发展,也为科技创新提供了灵感。许多科幻电影中的先进技术,如星际旅行、人工智能等,如今正逐渐成为现实。可以说,航天为人类打开了一扇追根究底、奇思妙想的大门,激活了蕴藏在人们心底的创造力。

也正是因为航天科学可以激发人类的创造力和想象力，教育界和航天科研机构开展了形式多样的"航天科技进校园"活动。在活动中，航天专家与中小学生面对面交流，讲述中国航天发展历程，而航天知识竞赛、手工制作航天模型、参观航天展览等精彩纷呈的活动，更是让科学的种子在中小学生的心中牢牢扎根。中国空间站作为国家太空实验室，也是重要的太空科普教育基地。"天宫课堂"结合载人飞行任务，贯穿中国空间站建造和在轨运营系列化推出，由中国航天员担任"太空教师"，以青少年为主要对象，采取天地协同互动方式开展，激发了社会大众特别是青少年的科学精神和对航天事业的热爱。

航天促进学科创新，航天项目涉及多个学科领域，为了实现航天目标，不同学科的专家需要紧密合作，共同解决复杂的问题。首先，航天工程涉及物理学。从天体力学中对行星轨道的研究，到火箭发射时的牛顿力学应用，再到宇宙空间中的相对论效应等，物理学的多个分支在航天领域都有至关重要的体现。其次，化学也起着关键作用。火箭燃料的研发、太空环境下材料的化学性质变化等，都需要化学知识的支撑。工程学更是航天的核心领域之一，包括机械工程、电气工程、航空航天工程等，从航天器的设计制造到发射、运行和控制，每一个环节都离不开工程学的专业技能。此外，数学在航天科技中不可或缺。轨道计算、数据分析、信号处理等都需要深厚的数学功底。计算机科学也在航天领域大显身手，航天器的自动化控制、卫星通信、数据处理和模拟仿真等都依赖于先进的计算机技术。航天科技还促进了生物学与医学的融合发展。研究太空环境对人体的影响、开发太空生命保障系统等，需要生物学和医学的共同努力。

总之，航天事业以其高度的复杂性和综合性，打破了学科之间的壁垒，成为推动多学科融合的强大动力，培养了人们的综合思维能力，为各个学科的发展和创新提供了广阔的舞台。

在宏观领域,航天让人类得以深入探索浩瀚宇宙。我们借助航天器观测到遥远的星系、恒星的诞生与死亡、黑洞的神秘现象,对宇宙的结构、演化有了更深刻的理解,这不仅满足了人类的好奇心,也为我们研究宇宙的起源和未来提供了宝贵的资料。在微观领域,航天也带来了新的认知,太空环境中的微重力、高辐射等条件为材料科学、生物学等学科提供了独特的实验环境,甚至催生出新的学科领域。

航天还改变了人类对自身的认识。宇航员在太空生活中的生理和心理变化,让我们更加了解人体在极端环境下的反应,为未来的太空移民和长期太空探索提供了依据。航天事业的发展也促使人类反思自己在宇宙中的地位和责任,激发我们保护地球家园的意识。航天作为人类探索未知的前沿领域,不断突破着我们认知的边界,为人类的进步和发展带来了无限可能。

第四节　未来航天展望与畅想

随着航天活动的开展,世界航天已经从最初探索进入太空的技术、探索宇宙、保障国防安全,转向更为注重应用航天技术推动社会经济发展。在不远的将来,航天科技将进一步发挥覆盖面广、辐射型与带动性极强的特点,在自身迅猛发展的同时,对当代整个科学技术结构产生广泛和深刻的影响,牵引和带动一系列科学技术的进步。更重要的是,随着航天技术的日益成熟,其应用将在社会经济生活的各个领域产生广泛而深远的影响。

空间环境应用包括太空育种、太空制药和太空冶金等领域,其应用领域将随着太空环境应用的发展而不断拓展。"微重力、高辐射、高真空"是太空环境最大的特点,在太空中,重力几乎为零,同时,太空中存在大量的宇宙射线和太阳辐射。

太空育种，也被称为空间诱变育种，是一种利用太空环境对植物种子或生物材料进行诱变处理，以产生新品种或改良特性的育种技术。太空水稻、小麦种子，在同样条件下，不仅生长期缩短，平均亩产比使用地球种子高20%，而且蛋白质含量增加8%至20%。

人类从1970年起开始进行太空育种，至今已经对水稻、小麦、玉米、高粱、棉花、西瓜等数十类作物400多个品种进行太空育种，成果喜人。通过太空育种，可以产生新的生物品种，提高农业生产效率，有助于实现农业资源的多样性，也为生物科学研究提供了新的研究手段和思路。

太空农业蕴藏着极大的商机，越来越向产业化方向发展。太空工业也是如此，发展太空工业，可以精炼或制造出在纯度、形状、强度、寿命上有极高品质的工业产品，这是地球上的传统工业、制造业不可匹敌的。因此，太空是获取工业新材料、新生物制品的理想生产基地。

航天技术的兴起和发展，使人类突破了地球表面的障碍，直接进入空间或通过各种空间探测器获取资料、信息，为人类对宇宙空间自然现象及其规律的认识与研究提供了前所未有的条件。各类卫星、载人航天、深空探测等航天能力的发展则是探索和利用空间的基本手段，促使了空间物理学、空间材料科学、空间生命科学、空间环境和空间天文学以及地球科学研究等在内的空间科学的发展。

目前，我国正重点推进行星探测、月球探测、载人航天、重型运载火箭、可重复使用航天运输系统等重大工程的建设。比如，2025年前后实施近地小行星取样返回和主带彗星环绕探测；2030年前后实施火星取样返回任务，以及木星系环绕探测和行星穿越探测等；继续发射嫦娥七号、嫦娥八号探测器，实施月球极区环境与资源勘察及采样返回，构成科研站基本型等；2030年前实现中国人首次登陆月球，开展月球科学考察及相关技术试验，推动载人航天技术由近地向深空跨越式发展等。

未来，通过卫星精准预测地震将成为可能。在地震发生前，地壳内部的岩石会产生变形和摩擦，这可能导致电磁场的变化。科学家们认为，通过监测这些电磁场的变化，可以为地震预测提供线索。在此基础上，张衡一号卫星应运而生。

张衡一号卫星搭载了多种高精度的电磁监测设备，可以对地球表面和大气层的电磁场进行精确测量。卫星可以24小时不间断地监测地球的电磁场变化，为地震预测提供连续的数据支持，并可以将监测数据实时传输回地面，为地震监测和预测提供及时的数据支持。

太空中蕴藏着丰富能源和资源财富，地球资源的有限性使得太空资源的开发利用成为寻求可持续发展的重要出路。比如有"超黄金"之称的氦-3，只要核聚变技术发展成熟，100吨氦-3提供的能源就够全世界用一年，而氦-3在月球上的储量高达300万吨。航天技术的发展使得太空资源的利用成为可能，而拥有这样一种能力将成为突破地球极限、在全球竞争中立于不败之地的重要砝码。

向太空要能源，是太空经济的重要组成部分，不仅太空旅游、太空农业、太空工业需要太空太阳能发电站所发出的电力，更重要的是地球上的人类需要来自太空的电力。

科学家已证实，向太空要能源不仅在理论与技术上是正确的，在实施上也是完全可行的。太空发电站，是将太阳能电池板的直流电转化为微波，然后通过输电天线，用无线输电方式将微波送向地球。地球表面再用受电天线，接收来自太空的输电微波，并将微波转化为直流电。由于在接收太空太阳能时将不受黑夜、大气层、云层、阴雨天的影响，因此，发电量将是地球太阳能发电效率的10倍以上。太空发电将不分昼夜，24小时全天候进行。不仅如此，太空太阳能发电还具有环保、高度的灵活性与机动性两个特殊优势。21世纪，在太空建成太阳能发电站将会成为现实。

太空旅游，标新立异，妙趣横生，给人以十足的刺激，包括低太空的短暂旅游和进入空间站等所谓太空旅馆的旅游。太空旅游，既可以让人们体会太空里与地球迥异的衣、食、住、行的乐趣，又能够在太空旅馆进行太空观景，在月球度假，或者到火星甚至更远的星球，还可以在太空漫步，欣赏太空中的日出日落，体验太空棒球、舱内高尔夫、太空蹦极等特殊休闲游戏。

从食品、日化用品到计算机、生物技术，从通信、汽车到影院，从新材料、新能源到精密制造、医疗器械、文物保护……航天技术的应用已经辐射到多个领域，为人民群众高质量生活贡献着航天智慧和力量。值得一提的是，中国空间站作为国家太空实验室，成果转移转化成效显著，已安排在轨实施了100多个空间科学研究与应用项目，航天育种搭载实验3000多项，4000余项成果应用于各行各业，这些科学实验和结果应用，促进了我国科技水平整体提升，造福国计民生。

航天技术应用之路从不平坦，还有太多难关等着我们去攻克，但中国航天的未来永远值得期待。仰望深邃星空，脚踏航天强国建设之路，中国航天将加快推动空间科学、空间技术、空间应用全面发展，重点提升航天科技创新动力、经济社会发展支撑能力，更好地服务新质生产力发展、推进中国式现代化，积极开展更为广泛的国际交流合作，增进人类共同福祉。

后　记

在这个星光璀璨的夜晚，我们沉浸在对过去数月写作历程的回顾之中，心中涌动着无尽的感慨。那些深夜里，不眠的灯光见证了我们的坚持与努力，照亮了我们在繁忙工作之余，静下心来深思熟虑的每一个瞬间。那些在键盘上跳跃的字节，将我们对航天事业的热爱，一点一滴地凝聚成文字，记录下我们对探索宇宙奥秘的无限憧憬。

作为航天战线的普通工作者，我们有幸见证了中国航天科技的辉煌成就，更深刻体会到其中蕴含的美学力量。我们希望通过这本书，让更多人看到中国航天科技的美学价值，感受到人类对美不懈追求的精神。对于航天美学的阐释，是一个新的探索，尽管中国航天科技取得的丰硕成果为我们提供了很多素材，但是航天美学的研究涉及的领域和知识实在太多，而且囿于我们美学知识的欠缺，书中错误在所难免，不尽如人意的地方还有很多，恳请各位专家学者批评指正。

在这本书即将付梓之际，感谢我们所在的单位——中国空间技术研究院西安分院（前身为航天504所），作为其中的工作者，我们深感荣幸。西安分院是我国空间飞行器有效载荷系统研制和生产的重要单位，参与了以中国航天"三大里程碑"为代表的400余颗星船的研制任务，为国民经济发展和国防建设做出了突出贡献。

优秀的企业文化是增强单位凝聚力和活力的核心要素，它不仅体现了企业的经营哲学、价值观和行为规范，更是支撑企业长远可持续发展的重要基石。在此，特别感谢西安分院谭小敏院长和沈大海书记，他们一直高度重视和关注分院企业文化建设。我们被西安分院浓厚的文化氛围所感染，产生了创作这本书的动力。

特别感谢国家级创新人才李立研究员，他先后担任嫦娥、遥感、高分等系列多个卫星型号的主任设计师、副总师，有着非常丰富的工程实践经验，在编写工作中给予了我们很多专业指导。自书稿起初构思至最终成书，历时三载春秋，李立研究员始终如一地给予我们宝贵的支持与帮助。他的每一条建议，每一次鼓励，都是我们坚持下来的动力。在此，衷心感谢李立研究员的悉心指导和鼎力帮助，他的支持是我们完成这本书不可或缺的力量。

在书稿的审核过程中，我们有幸得到了吴跃龙研究员和崔万照研究员的悉心指导和帮助，他们以严谨的态度和专业的视角，为我们提出了宝贵的意见和建议。感谢冯有琦专家对本书的细致审查和独到见解，不仅提升了书稿的质量，也让我们受益匪浅。感谢李占贤处长、王栋主任在本书选题策划和出版过程中的大力支持。还要感谢西北大学信息科学与技术学院赵万峰书记，在接到我们的写序请求时，不嫌弃拙作浅陋，慨然应允，使单薄的书稿平添光彩！

最后，感谢西北大学出版社的编辑，是他们的专业和敬业让这本书得以顺利出版。在编辑过程中，他们严谨的态度和细致的工作，确保了这本书的出版质量。感谢他们在出版过程中的辛勤付出，让这本书能够以最好的面貌呈现在读者面前。还要感谢各位读者，是你们对航天科技的热爱和追求，让我们有了创作这本书的勇气。愿这本书能激发更多人对航天美学的热爱，共同感受科技与美的力量。

编　者

2024 年 11 月

参考文献

［1］中共中央文献研究室. 习近平关于科技创新论述摘编［C］. 北京：中央文献出版社，2016.

［2］中共中央文献研究室. 习近平关于全面从严治党论述摘编［C］. 北京：中央文献出版社，2021.

［3］习近平. 习近平谈治国理政：第1卷［M］. 2版. 北京：外文出版社，2018.

［4］习近平. 习近平谈治国理政：第2卷［M］. 北京：外文出版社，2017.

［5］习近平. 习近平谈治国理政：第3卷［M］. 北京：外文出版社，2020.

［6］习近平. 习近平谈治国理政：第4卷［M］. 北京：外文出版社，2022.

［7］习近平. 在庆祝中国共产党成立100周年大会上的讲话［M］. 北京：人民出版社，2021.

［8］中共中央宣传部. 习近平新时代中国特色社会主义思想学习纲要［M］. 北京：人民出版社，2019.

［9］习近平在中共中央政治局第三十九次集体学习时强调把中国文明历史研究引向深入　推动增强历史自觉坚定文化自信［N］. 人民日报，2022-05-29（1）.

［10］罗开元. 航天活动的美学价值［N］. 光明日报，2012-02-14（11）.

［11］中共中央党史和文献研究院. 中国共产党的一百年［M］. 北京：中共党史出版社，2022.

[12] 方向明.旗帜：航天"三大精神"学习读本［M］.北京：中国宇航出版社，2020.

[13] 梁小虹.中国航天精神辞典［M］.北京：中共中央党校出版社，2021.

[14]《中国航天事业的生命线》编写组.中国航天事业的生命线［M］.北京：中国宇航出版社，1996.

[15]《中国航天事业的60年》编委会.中国航天事业的60年［M］.北京：北京大学出版社，2016.

[16] 李泽厚.美学四讲［M］.天津：天津社会科学院出版社，2001.

[17] 鲁道夫·阿恩海姆.艺术与视知觉［M］.滕守尧，译.成都：四川人民出版社，2019.

[18] 周宪.当代中国审美文化研究［M］.北京：北京大学出版社，1997.

[19] 闻新，张静华，王甦，等.航天器设计与新概念航天器［M］.北京：化学工业出版社，2024.

[20] 丁玉兰.人机工程学［M］.北京：北京理工大学出版社，2000.

[21] 刘延柱.航天器姿态动力学［M］.北京：国防工业出版社，1995.

[22] 宗白华.美学与意境［M］.北京：人民出版社，2009.

[23] 包为民.进出太空、利用太空、探索太空［J/OL］.［2024-07-29］.https://baijiahao.baidu.com/s?id=1805894560556861267&wfr=spider&for=pc.

[24] 宗白华.谈技术美学［J］.文艺研究，1986（4）.

[25] 马兴瑞.坚持自主创新推动中国航天事业又好又快发展［J］.中国航天，2011（8）.

[26] 邱家稳，沈自才，肖林，等.航天器空间环境协和效应研究［J］.航天器工程，2013，2（1）：15-19.

[27] 郑颖."技术美学"词源辨析兼论设计的跨学科性［J］.艺术与设计（理论），2024，2（4）：25-28.

[28] 郭超.浅析我国古代设计艺术与技术、文化的关系［J］.美术教育研究，2018（23）：32-33.

[29] 尹艺臻.中华传统美学融入工业设计的路径研究［J］.大众文艺，

2024,(2):24-26.

[30] 姚文豪,周家慷. 空间站睡眠区概念设计[J]. 设计,2023,36(14):88-89.

[31] 赵拓,陈丽伶. 工业设计对于文化自信的促进作用[J]. 艺海,2019(9):152-153.

[32] 陈珊. 航天发射场中的建筑艺术与技术[D]. 天津:天津大学,2001.

[33] 江奥. 基于情绪适居性的空间站卫生区色彩设计研究[D]. 湘潭:湘潭大学,2019.